Fachbegriffe für Chemielaboranten

Sabine Meißner
Henning Schnitger
Matthias Weber

Best.-Nr. 1631
Holland + Josenhans Verlag Stuttgart

1. Auflage 2010

Dieses Werk folgt der reformierten Rechtschreibung und Zeichensetzung.

Dieses Buch ist auf Papier gedruckt, das aus 100% chlorfrei gebleichten Faserstoffen hergestellt wurde.

Tel.: 07 11/6 14 39 20, Fax: 07 11/6 14 39 22, E-Mail: verlag@holland-josenhans.de,
Internet: www.holland-josenhans.de

Satz: Satzpunkt Ursula Ewert GmbH, Bayreuth

Druck und Weiterverarbeitung: Henkel GmbH Druckerei, Stuttgart

ISBN 978-3-7782-1631-6

Vorwort

Jeder Beruf ist und bleibt bestrebt, sich eine Fachsprache anzueignen. Dafür wird ein spezifischer Wortschatz angelegt, der es erlaubt, Sachverhalte und Fachtermini sowie deren Bedeutung mit geringem sprachlichen Aufwand zu benennen und sicher zu kommunizieren. Diese Festlegung oder Konventionalisierung der Begriffe entspricht einer immensen Arbeitsleistung, welche dem praktischen Gebrauch eines spezifischen Wortschatzes vorangeht.

Die Tätigkeit des Chemielaboranten erfordert einen intensiven Erwerb von Fachwörtern aus allen Bereichen der Naturwissenschaften. Vielmals bedient man sich der lateinischen oder griechischen Sprache, um neue Bedeutungen in Wörter zu fassen. Mit zunehmender Komplexität des Fachwortschatzes jedoch wird es unerlässlich, diesen zu ordnen und zu systematisieren.

Der Wort-Check „Fachbegriffe für Chemielaboranten" stellt sich der schwierigen Aufgabe, Ihnen diesen Überblick zu verschaffen. Dabei werden alle Fachbegriffe in spezifische Bereiche eingeordnet und alphabetisch dargestellt. So lässt sich jeder Begriff einfach nachschlagen, um dessen Bedeutung zu finden. Einige Begriffe benötigen eine ausführlichere, aber prägnante fachliche Erklärung, die Ihnen übersichtlich präsentiert wird.

Somit kann die begriffliche Vielfalt eines jeden Bereiches des Berufsbildes eines Chemielaboranten effektiv erschlossen, erlernt und überprüft werden.

Gleichfalls bietet sich Ihnen die Möglichkeit zum lexikalischen Nachschlagen bei der Klärung ganz bestimmter Fachtermini über das Sachwortverzeichnis.

Dieses Werk will Ihnen, mit über 1.500 erläuterten Fachbegriffen, ein kompetenter Begleiter sein. Der Wort-Check „Fachbegriffe für Chemielaboranten" erleichtert Ihnen das Beherrschen der wichtigsten Fachbegriffe und damit das erfolgreiche Führen fachlicher Gespräche.

Doch ebenso lebendig wie diese Gespräche bleibt die Sprache, in der sie geführt werden. In dem man immer neue Begriffe nutzt, werden andere nutzlos und nicht mehr gebraucht. Einige finden sich an anderer Stelle wieder und wechseln ihre Bedeutung.

Bitte unterstützen Sie uns gegebenenfalls mit Anregungen und Hinweisen für die eine oder andere Verbesserung und tragen Sie dadurch zur ständigen Aktualisierung des Wort-Checks bei.

Sabine Meißner
Henning Schnitger
Matthias Weber

Inhaltsverzeichnis

1 Allgemeine Chemie

1.1 Atomaufbau

Atom Kleinstes, elektrisch neutrales, chemisch einheitliches Teilchen eines Elements, besteht aus Kern und Hülle.

Atomarer Zustand Zustand, in dem ein chemisches Teilchen nicht weiter teilbar ist. Ist die kleinstmögliche Einheit des Stoffes (Atom).

Atomkern Mittelpunkt des Atoms, mit einem Durchmesser von 10^{-14}–10^{-15} m, enthält fast die gesamte Masse des Atoms, besteht aus Protonen und Neutronen, enthält dadurch die ganze positive Ladung des Atoms.

Atommasse Die Atommasse in g eines Elements setzt sich grundsätzlich aus den Massen der Atomgrundbausteine (Neutronen, Protonen, Elektronen) zusammen. Die relative Atommasse lässt sich aus der Molmasse eines Elements geteilt durch die Avogadrosche Konstante ($N_A = 6{,}022 \cdot 10^{23}$) berechnen. Durch Einführung der atomaren Masseneinheit u (definitionsgemäß 1/12 der Masse des Kohlenstoffisotops ^{12}C) erhält man für alle Elemente Zahlenwerte, die den molaren Atommassen entsprechen, z. B. für Wasserstoff (H) gleich 1,008 u.

Atommodell Vereinfachte Darstellung des Atomaufbaus, basierend auf experimentellen Ergebnissen. Bekannte Modelle wurden von z. B. Bohr und Rutherford entwickelt.

Atomradius Abstand zwischen dem Atomkern und der äußersten mit Elektronen besetzten Schale in der Hülle eines Atoms.

Atomrumpf Atomkern mit allen Elektronen mit Ausnahme der Außenelektronen, z. B. fehlt beim Atomrumpf von Natrium das Elektron auf der 3. Schale.

Avogadrosche Konstante, Loschmidtsche Konstante
Physikalische Konstante. N_A besagt, dass 1 mol eines jeden Stoffes exakt aus $6{,}022 \cdot 10^{23}$ Teilchen besteht.

Bohrsches Atommodell
Besagt, dass ein Atom aus einem positiv geladenen Atomkern besteht, um den sich negativ geladene Elektronen auf diskreten Kreisbahnen (ähnlich dem Planetenmodell) bewegen.

Deuterium
Isotop des Wasserstoffs mit der Massenzahl 2, schwerer Wasserstoff.

Elektron
Elementarteilchen mit einer negativen Ladung, das sich in der Atomhülle befindet. Masse: $9{,}11 \cdot 10^{-31}$ kg, 1836-mal leichter als ein Proton.

Elektronenanregung
Vorgang, bei dem Elektronen eines betrachteten Atoms mittels einer definierten Energieportion auf ein, gegenüber dem Grundzustand, konkretes, höheres Energieniveau angehoben werden.

Elektronenbahn
Teil des Bohrschen Atommodells, bei dem sich die Elektronen eines Atoms auf diskreten Kreisbahnen um den positiven Atomkern bewegen.

Elektronenhülle
Definierter Raum um den Atomkern, der die Elektronen enthält.

Elektronenkonfiguration
Modellartige Darstellung der Elektronenverteilung auf die Haupt- und Nebenschalen gemäß dem Pauli-Prinzip und der Hundschen Regel.

Elektronenschale
Modellartige Darstellung von konkreten Energieniveaus (Orbitalen), auf denen sich Elektronen um den positiven Atomkern bewegen können. Die Orbitale werden durch die Nebenquantenzahl l ausgedrückt, die wiederum die Form der Orbitale (s, p, d und f) vorgibt.

Elementarladung
Kleinste beobachtete elektrische Ladung $e = 1{,}6022 \cdot 10^{-19}$ C, entspricht der Ladung eines Elektrons.

Formelmasse
Ergibt sich aus der Addition der Atommassen der am Aufbau einer Formeleinheit einer Ionenverbindung beteiligten Elemente. Einheit ist u.

Hauptquantenzahl
Die Hauptquantenzahl legt die Grundenergie einer Elektronenschale fest und entspricht der Nummer der Schale im Bohrschen Atommodell. Sie kann ganzzahlige Werte von 1 bis 7 annehmen.

Heisenbergsche Unschärferelation
Theorie, die besagt, dass es unmöglich ist, gleichzeitig sowohl den durch die drei Raumachsen festgelegten Ort eines Teilchens, z. B. eines Elektrons, als auch den Impuls, p = Kraft · Zeit, mit absoluter Genauigkeit bestimmen zu können.

Hundsche Regel
Besagt, dass energetisch gleichwertige Orbitale zunächst einzeln mit Elektronen besetzt werden, bevor eine Doppelbesetzung erfolgt.

Ionenladung, Ionenwertigkeit, Ladungszahl
Gibt die Anzahl von Atomen abgegebener bzw. aufgenommener Elektronen bei der Bildung von Ionen an. Bei der Abgabe von Elektronen sind die Ionen positiv geladen, bei der Aufnahme sind sie negativ geladen.

Ionisierungsenergie, Ionisierungspotential
Energie, die man zur Abtrennung eines Elektrons von einem Atom oder Molekül benötigt.

Isotop
Isotope eines Elements haben die gleiche Protonenanzahl (Ordnungszahl), aber eine unterschiedliche Neutronenanzahl. Dadurch unterscheiden sie sich in ihren Massen.

Kernladungszahl
Gibt die Anzahl der Protonen in einem Atomkern an.

Ladung
Die nach außen beobachtbare positive oder negative Wirkung eines Ions. Die Ladung eines Ions und deren Höhe ergeben sich aus der Differenz zwischen Protonen im Kern und Elektronen auf den Schalen. Ein Ion mit einem Elektronenüberschuss ist negativ, mit einem Elektronenmangel positiv geladen.

Magnetquantenzahl
Die Magnetquantenzahl m $(-l,\ldots,0,\ldots,+l)$ gibt die Orientierung der Orbitale im Raum (x-, y-, z-Richtung) an.

Massenzahl
Anzahl der Nukleonen im Atomkern, ergibt sich aus der Summe der Anzahl an Protonen und Neutronen.

Mischelement — Element, das aus unterschiedlichen Isotopen des gleichen Elements besteht, z. B. H, C, S.

Molare Masse — Masse eines Mols eines Stoffes in Gramm, wobei der Zahlenwert der relativen Atom- bzw. Molekülmasse des Stoffes entspricht, Formelzeichen ist *M*, Einheit g/mol.

Molekül — Kleinstes, chemisch einheitliches Teilchen einer Verbindung, aufgebaut aus Atomen.

Molekülmasse — Ergibt sich aus der Addition der Atommassen der am Aufbau eines Moleküls beteiligten Elemente. Gibt die Masse eines einzelnen Moleküls an, Einheit ist u.

Nebenquantenzahl — Die Nebenquantenzahl *l* bestimmt die räumliche Gestalt der Orbitale. Sie entspricht den Unterschalen (s, p, d, f) des Bohrschen Atommodells.

Neutron — Neutrales Elementarteilchen in Atomkernen. Masse: $1{,}675 \cdot 10^{-27}$ kg, 1839-mal schwerer als ein Elektron.

Nukleonen — Bezeichnung für die Kernbausteine Protonen und Neutronen.

Orbital, Energieniveau — Mathematische Berechnungen von Räumen, in denen sich mit höchster Wahrscheinlichkeit Elektronen um die Atomkerne bewegen. Aus den Berechnungen ergeben sich die typischen Formen für die s-, p-, d- und f-Orbitale.

Ordnungszahl — Gibt die Stellung der Elemente im Periodensystem an, ist gleich der Anzahl Protonen im Atomkern.

Pauli-Prinzip — Besagt, dass zwei Elektronen eines Atoms nicht den gleichen Zustand besitzen können. Sie müssen sich daher in mindestens einer der vier Quantenzahlen unterscheiden.

Proton — Positiv geladenes Elementarteilchen im Atomkern. Masse: $1{,}673 \cdot 10^{-27}$ kg, 1836-mal schwerer als ein Elektron.

Quantenzahl — Angaben, die den Zustand eines Elektrons kennzeichnen: Hauptquantenzahl *n*, Nebenquantenzahl *l*, Magnetquantenzahl *m* und die Spinquantenzahl *s*.

Reinelement Element, das nur aus einem Isotop besteht, z. B. Na, P, Mn.

Reinstoff Stoff, der einheitlich zusammengesetzt ist und durch physikalische Trennmethoden nicht weiter aufgetrennt werden kann.

Schalenmodell Atommodell, bei dem die Elektronenbahnen kreisförmig als Schalen um einen Mittelpunkt (Atomkern) dargestellt werden. Die 1s-Schale liegt als Kreis direkt um den Mittelpunkt, danach folgt die 2s-Schale usw.

Spinquantenzahl Die Spinquantenzahl s (−½, +½) gibt den magnetischen Drehimpuls der Elektronen an.

1.2 Chemische Bindung

Absorption Aufnahme eines Gases oder von Strahlung in das freie Volumen einer festen oder flüssigen Phase.

Addukt Oberbegriff für zusammengesetzte Moleküle, bei deren Bildung keine Nebenprodukte, wie z. B. Wasser oder Alkohol, entstehen.

Adhäsion Anhangskraft zwischen den Oberflächen zweier verschiedener Körper, kommt durch Wechselwirkungen zwischen den Kontaktflächen zustande, z. B. Kreide an der Tafel.

Akzeptor Molekül oder Ion, welches je nach Reaktionstyp Elektronen, Protonen, Atome oder Ionen empfangen kann.

Anion Negativ geladenes Teilchen bzw. Ion.

Anionischer Komplex Das Zentralatom dieser Komplexverbindung ist in einem negativ geladenen Komplexteil gebunden, z. B. Fe^{2+} als Zentralatom in $[Fe(CN)_6]^{4-}$.

Atombindung, Elektronenpaarbindung, Homöopolare Bindung, Kovalente Bindung Bindung zwischen Nichtmetallatomen, bei der beide Bindungspartner durch gemeinsam genutzte Elektronenpaare zusammen gehalten werden.

Axial In Achsenrichtung, auf die Achse bezogen.

Bildungsenthalpie Wärmeenergie, die bei der Bildung von Verbindungen aus den Elementen frei oder benötigt wird. Formelzeichen ist ΔH, Einheit kJ/mol.

Bindungsaffinität
Maß für das Bestreben von Ionen, Atomen oder Atomgruppen, durch chemische Reaktionen Bindungen einzugehen.

Bindungselektronen
An einer Atombindung beteiligte Elektronen, bilden gemeinsam genutzte Elektronenpaare.

Bindungsenergie, Bindungsstärke
Maß für die Stärke einer Bindung. Die in kJ/mol angegebene Energie, die bei der Bildung einer Atombindung frei wird bzw. zur Spaltung dieser Bindung aufgewendet werden muss.

Chemische Bindung
Art des Zusammenhalts von Atomen und Ionen in chemischen Verbindungen oder von Molekülen in Molekülverbänden.

Coulombsche Kraft
Kraft, mit der sich entgegengesetzt geladene Teilchen anziehen und gleichsinnig geladene Teilchen abstoßen.

Dipol-Dipol-Kräfte
Kräfte, die zwischen Dipolmolekülen wirken, sind stärker als Van-der-Waals-Kräfte, jedoch schwächer als Wasserstoffbrückenbindungen.

Dipolmolekül
Molekül, bei dem durch größere Elektronegativitätsunterschiede der Atome eine Ladungsverschiebung stattfindet, die zur Polarität der Atombindung führt. Das Molekül wirkt äußerlich dann als Dipol, wenn sich die Gesamtheit aller gerichteten polaren Bindungen nicht aufhebt, z. B. ist das gewinkelte Wasser-Molekül ein Dipol, Methan als punktsymmetrisches Molekül ist kein Dipol.

Dipolmoment
Gibt die Stärke eines Dipols an. Je größer das Dipolmoment, umso polarer ist eine Verbindung.

Dissoziation
Von außen erzeugte oder selbsttätig ablaufende Trennung einer chemischen Verbindung in zwei oder mehrere Moleküle, Atome oder Ionen.

Dissoziationsenergie
Diejenige Energie, die notwendig ist, um eine chemische Bindung in Ionen zu trennen.

Dissoziationsgrad
Quotient aus der Stoffmenge der in Ionen dissozierten Teilchen und der gesamten Stoffmenge der Teilchen der Lösung, Formelzeichen α, dimensionslos.

Dissoziationskonstante Maß für die Einstellung eines Gleichgewichts bei einer Dissoziation. Sie gibt für eine Dissoziationsreaktion darüber Auskunft, auf welcher Seite das Gleichgewicht liegt bzw. in welcher Form, dissoziiert oder undissoziiert, die Substanz bevorzugt vorliegt, Formelzeichen ist K_D, Einheit mol/L.

Donator Molekül oder Ion, welches je nach Reaktionstyp Elektronen, Protonen, Atome oder Ionen abgeben kann.

Doppelbindung Atombindung, die durch zwei Elektronenpaare gebildet wird, besteht aus einer σ- und einer π-Bindung.

Dotierung Gezielter Einbau von Fremdatomen in einen Halbleiterkristall, um die Eigenschaften der Substanz, meistens die Leitfähigkeit oder die Kristallstruktur, zu verändern. Man unterscheidet die p-Dotierung (Einbau von Elektronen-Akzeptoren) und n-Dotierung (Einbau von Elektronen-Donatoren). Typisches Beispiel ist der Einbau von Bor (p) oder Phosphor (n) in Siliciumdioxid-Kristalle.

Dreifachbindung Atombindung, die durch drei Elektronenpaare gebildet wird, besteht aus einer σ-Bindung und zwei π-Bindungen.

Edelgaskonfiguration Elektronenanzahl in einem Atom oder Ion, die der Elektronenanzahl eines Edelgases entspricht. Alle Atome oder Ionen sind bestrebt, diese stabile Anordnung der Elektronen zu erreichen.

Einfachbindung Atombindung, die durch ein Elektronenpaar gebildet wird, besteht aus einer σ-Bindung.

Elektronegativität Maß für die Fähigkeit eines Atoms, das bindende Elektronenpaar an sich zu ziehen. Die Elektronegativität nimmt in der Regel innerhalb einer Hauptgruppe von oben nach unten ab, in einer Periode von links nach rechts zu.

Elektronenaffinität Maß für das Bestreben von Atomen oder Ionen, Elektronen aufzunehmen. Die gebräuchliche Abkürzung ist *EA*, die Einheit ist eV oder kJ/mol.

Elektronenlücke

Liegt vor, wenn in Ionen oder Molekülen Elektronen zur optimalen Edelgaskonfiguration fehlen. Teilchen mit Elektronenlücken reagieren mit Anionen oder Molekülen mit freien Elektronenpaaren.

Elektronenpaar

Man unterscheidet zwischen gebundenen und freien Elektronenpaaren. Gebundene Elektronenpaare sind unpolare oder polare Bindungen zwischen zwei Atomen. Freie Elektronenpaare sind die äußeren Elektronenpaare eines Elements oder einer Verbindung, die nicht an den Bindungen zwischen den Atomen beteiligt sind.

Enthalpie

Maß für die Energie eines thermodynamischen Systems, wird auch als Reaktionswärme bezeichnet, Formelzeichen *H*, Einheit kJ/mol. Meist werden Differenzen der Enthalpien von Produkten und Edukten gebildet. Ist ΔH positiv, ist die Reaktion endotherm, ist ΔH negativ, ist die Reaktion exotherm.

Gillespie-Nyholm-Prinzip, VSEPR-Modell

Regeln zur Abschätzung von Bindungswinkeln in mehratomigen Molekülen.
Regel 1: bindende und freie Elektronenpaare ordnen sich aufgrund ihrer Abstoßungskräfte im Molekül so an, dass sie den größtmöglichen Abstand voneinander haben.
Regel 2: die Abstoßungskräfte von bindenden Elektronen sind kleiner als die von nicht bindenden Elektronen.

Gitterenergie

Energie, die bei der Bildung eines Molekül- oder Ionengitters frei oder zur Zerstörung eines Molekül- oder Ionengitters benötigt wird.

Gitterpunkt

Position eines Atomrumpfs in der Salzstruktur. Für jedes Salz sind klare Gitterpunkte durch die Bindungslängen der Bindungspartner vorgegeben.

Hauptvalenzbindung

Bindung, die innerhalb eines Moleküls wirkt. Man unterscheidet zwischen Atombindung, Ionenbindung, Metallbindung und Komplexbindung.

Heterolyse

Spaltung von Atombindungen in ungleiche Spaltpartner. Tritt meistens bei Verbindungen auf, in denen die Atome unterschiedliche Elektronegativitätswerte besitzen. Die Bindungselektronen verbleiben bei dem Spaltpartner mit dem größeren Elektronegativitätswert. Es entstehen entgegengesetzt geladene Ionen.

Homolyse

Spaltung von Atombindungen in gleiche Spaltpartner. Tritt meistens bei Verbindungen auf, in denen die Atome annähernd gleiche Elektronegativitätswerte besitzen. Jeder Spaltpartner behält dabei anteilmäßig seine Bindungselektronen. Es entstehen reaktionsfähige Radikale.

Hybridisierung

Bezeichnet die Kombination verschiedener Atomorbitale zu Hybridorbitalen. Abhängig von der Anzahl und der Art der Atomorbitale ist die Bildung unterschiedlicher Hybridorbitale möglich, z. B. für das Kohlenstoffatom, das s- und p-Orbitale besitzt, sp-, sp^2- und sp^3-Hybridorbitale.

Hydratation, Hydratisierung

Anlagerung von Wassermolekülen an gelöste Ionen, an polare Neutralmoleküle oder als Kristallwasser in Festkörpern.

Hydrathülle

Wasseranlagerung an gelöste Ionen durch zwischenmolekulare Wechselwirkungen.

Induzierter Dipol

Temporärer positiver und negativer Ladungsschwerpunkt im Molekül. Durch eine nicht immer symmetrische Verteilung der Elektronen innerhalb eines Moleküls entstehen für kurze Zeit schwache Dipole, diese üben auf die benachbarten Moleküle Anziehungs- bzw. Abstoßungskräfte aus.

Ion

Positiv oder negativ geladenes Atom oder Molekül.

Ionenbindung, Heteropolare Bindung

Bindung zwischen Metallen und Nichtmetallen, wobei durch vollständige Elektronenübertragung die Edelgaskonfiguration für die Bindungspartner erreicht wird, dabei entstehen Kationen bzw. Anionen.

Ionengitter
Regelmäßige dreidimensionale Anordnung von Anionen und Kationen eines homogenen Stoffs im festen Zustand, die über Ionenbindungen untereinander gebunden sind.

Kation
Positiv geladenes Teilchen bzw. Ion.

Kationischer Komplex
Das Zentralatom dieser Komplexverbindung ist in einem positiv geladenen Komplexteil gebunden, z. B. Cu^{2+} als Zentralatom in $[Cu(NH_3)_4]^{2+}$.

Kohäsion
Physikalischer Vorgang, bei dem Moleküle eines Stoffes miteinander wechselwirken und dadurch zusammenhaften.

Komplexbindung, Koordinative Bindung, Bindung höherer Ordnung
Bei dieser Art der Bindung hat das Zentralatom mehr Bindungspartner (Liganden) als nach seiner Stellung im Periodensystem zu erwarten wären. Es werden mehrere ungeladene Moleküle oder Anionen an das Zentralatom angelagert. Die Zentralatome können sowohl nichtmetallische Elemente, z. B. S, B, Cl, als auch Metalle, z. B. Cu, Fe, Ag, sein. Als Liganden kommen z. B. NH_3, H_2O, CN^-, OH^- vor. Die Bindungselektronen werden immer nur von einem Bindungspartner geliefert. Das bindende Elektronenpaar stammt vom Zentralatom, wenn dieses ein Nichtmetallatom ist. Ist das Zentralatom ein Metall, werden die bindenden Elektronenpaare von den Liganden geliefert.

Koordinationszahl
Anzahl von Liganden, die sich in einer Komplexbindung an ein Zentralatom anlagern.

Korngrenze
Zweidimensionaler Gitterfehler in der Kristallografie, trennt in einem Kristall Bereiche (auch Körner genannt) unterschiedlicher Ausrichtung mit ansonsten gleicher Kristallstruktur.

Kristallwasser, Hydratwasser
Wasser, das in einem kristallinen Festkörper gebunden ist, z. B. Glaubersalz, $Na_2SO_4 \cdot 10\,H_2O$. Kristallwasser ist meist nur schwach gebunden und entweicht beim Erhitzen.

Ladungsschwerpunkt
Ergibt sich als Summe aus der ungleichmäßigen Verteilung positiver und negativer Ladungen im Molekül.

Ligand
Neutrale Moleküle oder Anionen, die sich in Komplexbindungen an ein Zentralatom anlagern.

Metallbindung
Nach dem Elektronengasmodell geben die Metallatome ihre Außenelektronen ab. Dabei entstehen positiv geladene Metallionen, die so genannten Atomrümpfe. Die abgespaltenen Außenelektronen bewegen sich als Elektronengas frei zwischen den Metallionen und bewirken dadurch den Zusammenhalt im Metallgitter, dessen Eckpunkte durch die Atomrümpfe gebildet werden.

Molekülgitter
Kristall, der aus Molekülen aufgebaut ist. Die dabei wirkenden Kräfte untereinander sind schwächer als im Ionenkristall. Molekülkristalle sind daher in der Regel weicher als Ionenkristalle und werden bei einem relativ niedrigen Schmelzpunkt flüssig.

Nebenvalenzbindung
Bindung, die zusätzlich zwischen Molekülen auftreten kann und durch zwischenmolekulare Kräfte verursacht wird, z. B. Wasserstoffbrückenbindung.

Neutraler Komplex
Das Zentralatom dieser Komplexverbindung ist in einem neutralen Komplexteil gebunden, z. B. Nickel als Zentralatom in $[Ni(CO)_4]$.

Oktettregel, Achterschale
Besagt, dass einige Atome Moleküle oder Ionen bilden, deren Elektronenkonfiguration der eines Edelgases entspricht. Dabei besitzen die Moleküle oder Ionen acht Elektronen in der äußeren Schale, dies ist die stabilste Konfiguration.

Permanenter Dipol
Positiver und negativer Ladungsschwerpunkt im Molekül, ist dauerhaft vorhanden.

Polare Atombindung
Atombindung, bei der die bindenden Elektronen zu einem der beiden an der Bindung beteiligten Atome aufgrund eines Elektronegativitätsunterschieds verschoben sind.

Polarität
Zustand, in dem die Atome eines Moleküls unterschiedliche Elektronegativitäten aufweisen, durch die Ladungsverschiebungen innerhalb des Moleküls auftreten. Eine äußerlich erkennbare Polarität tritt jedoch nur bei unsymmetrischen Molekülen auf.

Protolysegrad

Quotient aus der Stoffmenge der in Ionen dissozierten Säure- oder Base-Teilchen und der gesamten Stoffmenge der Säure- oder Base-Teilchen der Lösung, Formelzeichen α, dimensionslos.

Sandwich-Verbindung

Im Allgemeinen eine Verbindung aus einem Metallatom im Zentrum und zwei aromatischen Verbindungen, die auf gegenüberliegenden Seiten des Metallatoms angesiedelt sind. Die Bindung erfolgt über die delokalisierten π-Elektronen des aromatischen Systems, wodurch das Zentralatom über Wechselwirkungen vorübergehend eine stabile Edelgaskonfiguration erhält, z. B. Ferrocen.

Solvatation

Anlagerung von Lösemittelmolekülen an Ionen. Durch die Ionen wird der Dipolcharakter in Lösemitteln verstärkt und dadurch eine Wechselwirkung erzielt. Spezialfall: Hydratation (Lösemittel H_2O).

Strukturformel

Schematische Darstellung von Molekülen, in der die Atombindungen und unter Umständen die geometrische Anordnung der Atome ersichtlich sind, wie z. B. bei der Fischer-Projektion von Kohlenhydraten.

Summenformel

Gibt das Teilchenzahlenverhältnis und damit auch das Stoffmengenverhältnis von einzelnen Teilchen an, die in einem Molekül bzw. in einer Formeleinheit enthalten sind. So ist beispielsweise im Wassermolekül (Summenformel H_2O) Wasserstoff in doppelter Menge als Sauerstoff enthalten, das Stoffmengenverhältnis beträgt daher 2:1.

Symmetrie

Verhalten einer Struktur, sich gegenüber einer Achse, einer Ebene oder eines Punktes wie Bild und Spiegelbild abzubilden. Beispielsweise ist Ethen, bezogen auf die Achse entlang der Doppelbindung, symmetrisch.

Unpolare Moleküle

Moleküle, bei denen die Elektronen über das ganze Molekül gleichmäßig verteilt sind. Es bilden sich keine Ladungsschwerpunkte aus.

Valenz

Synonym für die Wertigkeit eines Atoms eines chemischen Elements. Gibt an, wie viele Elektronen ein Atom im Falle einer chemischen Bindung binden kann, bzw. wie viele Einfachbindungen es mit anderen Atomen oder Atomgruppen eingehen müsste, um die Edelgaskonfiguration zu erreichen.

Valenzelektronen

Elektronen, die in einem Atom eines Hauptgruppenelements die äußere Schale, in einem Atom eines Nebengruppenelements die äußeren beiden und in einem Atom eines Actinoids oder Lanthanoids die drei äußeren Schalen besetzen. Von den Valenzelektronen hängen im Wesentlichen die chemischen Eigenschaften der Elemente ab.

Van-der-Waals-Kräfte

Zwischenmolekulare Wechselwirkungen, die durch die Fähigkeit der Atome bzw. Moleküle entstehen, kurzzeitig schwache Dipole zu bilden. Diese temporären Dipole können die Elektronen benachbarter Moleküle verschieben, wodurch diese polarisiert werden und somit zwischen den Molekülen elektrostatische Anziehungskräfte entstehen. Die van-der-Waals-Kräfte sind zu den Hauptvalenzbindungen vergleichsweise schwach, nehmen mit steigender Molekülmasse und -größe zu.

Wasserstoffbrückenbindung

Zwischenmolekulare Wechselwirkung zweier Moleküle über Wasserstoffatome. Sie beruht auf der Anziehung von einem Atom eines stark elektronegativen Elementes (wie Fluor, Stickstoff oder Sauerstoff) und einem stark positiv polarisierten Wasserstoffatoms.
Ihre Bindungsstärke ist schwächer als die der Ionen- und der Atombindung, aber stärker als bei den Van-der-Waals-Kräften.

Zentralatom, Zentralion

Zentral gelegenes Teilchen, meistens ein von Übergangsmetallen gebildetes Kation, in einer Komplexverbindung. Das Zentralatom bzw. Zentralion wechselwirkt über koordinative Bindungen mit den Liganden, die Elektronenpaare für die Bindung mit dem Zentralatom zur Verfügung stellen.

1.3 Periodensystem

Actinoide 5f-Metalle
Gruppenbezeichnung für das Element Actinium (Ordnungszahl 89) und die 14 im Periodensystem folgenden Elemente. Alle Actinoide sind Metalle und durchweg radioaktiv. Actionoide werden auch als „5f-Metalle" bezeichnet, da sie sich im Wesentlichen nur in ihrer Elektronenbesetzung in den f-Orbitalen der fünften Schale unterscheiden.

Alkalimetalle
Elemente der I. Hauptgruppe des Periodensystems mit Ausnahme von Wasserstoff H (Li, Na, K, Rb, Cs, Fr).

Borgruppe
Elemente der III. Hauptgruppe des Periodensystems (B, Al, Ga, In, Tl). Bor ist ein Halbmetall, ansonsten handelt es sich um Metalle.

Chalkogene, Erzbildner
Elemente der VI. Hauptgruppe des Periodensystems (O, S, Se, Te, Po). Tellur und Selen sind Halbmetalle, Polonium ein radioaktives Metall, ansonsten handelt es sich um Nichtmetalle.

Chemische Elemente
Grundstoffe, die chemisch nicht weiter zerlegt werden können. Sie sind im Periodensystem nach aufsteigender Protonenanzahl im Atomkern sortiert. Die kleinste Einheit eines Elements heißt Atom.

Chromgruppe
Elemente der VI. Nebengruppe des Periodensystems (Cr, Mo, W, Sg). Die Chromgruppe enthält ausschließlich Metalle. Seaborgium ist ein synthetisch hergestelltes Element.

Edelgase
Elemente der VIII. Hauptgruppe des Periodensystems (He, Ne, Ar, Kr, Xe, Rn). Radon ist radioaktiv.

Eisen-Platin-Gruppe
Elemente der VIII. Nebengruppe des Periodensystems (Fe, Co, Ni, Ru, Rh, Pd, Os, Ir, Pt, Hs, Mt, Ds). Es handelt sich ausschließlich um Metalle. Hassium und Meitnerium sind synthetisch hergestellte Elemente.

Elementsymbol
Weltweit gültige Kurzschreibweise für Elemente, die sich von den lateinischen, griechischen oder bei neueren Elementen von den englischen Namen ableitet. Bei noch nicht ▷

benannten Elementen werden der Name und damit das Symbol von der Ordnungszahl abgeleitet, z. B. Ununbium (Uub). Elementsymbole werden im Periodensystem der Elemente und in chemischen Formeln eingesetzt.

Erdalkalimetalle
Elemente der II. Hauptgruppe des Periodensystems (Be, Mg, Ca, Sr, Ba, Ra). Es handelt sich ausschließlich um Metalle, Radium ist radioaktiv.

Halogene, Salzbildner
Elemente der VII. Hauptgruppe des Periodensystems (F, Cl, Br, J, At). Es handelt sich ausschließlich um Nichtmetalle, Astat ist radioaktiv.

Hauptgruppe, Hauptgruppenelemente
In den Hauptgruppen im Periodensystem stehen Elemente, bei denen als letztes ein s- oder p-Orbital mit Elektronen besetzt wird. Die Nummer der Hauptgruppe entspricht der Anzahl der Außenelektronen eines Elements. Es gibt acht Hauptgruppen.

Kohlenstoffgruppe
Elemente der IV. Hauptgruppe des Periodensystems (C, Si, Ge, Sn, Pb). Kohlenstoff ist ein Nichtmetall, Silizium ein Halbmetall, ansonsten handelt es sich um Metalle.

Kupfergruppe
Elemente der I. Nebengruppe des Periodensystems (Cu, Ag, Au). Hierbei handelt es sich ausschließlich um Metalle.

Lanthanoide, 4f-Metalle
Gruppenbezeichnung für das Element Lanthan (Ordnungszahl 57) und die 14 im Periodensystem folgenden Elemente. Sie werden auch als „4f-Metalle" bezeichnet, da sie sich im Wesentlichen nur in ihrer Elektronenbesetzung in den f-Orbitalen der vierten Schale unterscheiden.

Mangangruppe
Elemente der VII. Nebengruppe des Periodensystems (Mn, Tc, Re, Bh). Hierbei handelt es sich ausschließlich um Metalle, Bohrium ist ein synthetisch hergestelltes Element.

Nebengruppe, Nebengruppenelemente
In den Nebengruppen im Periodensystem stehen Elemente, bei denen als letztes ein d- oder ein f-Orbital mit Elektronen besetzt wird. Alle Nebengruppenelemente haben zwei Außenelektronen eines vollbesetzten s-Orbitals und sind Metalle.

Periode

In einer Periode befinden sich immer diejenigen Elemente, deren Außenelektronen sich alle auf der gleichen Hauptschale befinden, z. B. zweite Periode (zweite Hauptschale): Li, Be, B, C, N, O, F, Ne. Einteilungsprinzip des Periodensystems.

Periodensystem

Ordnungssystem, in dem die chemischen Elemente nach steigender Ordnungszahl (Kernladung) und entsprechend ihrer chemischen Eigenschaften in Haupt- und Nebengruppen und in Perioden aufgeführt sind.

Platinmetalle

Elemente, die sich in der VIII. Nebengruppe des Periodensystems befinden. Man unterschiedet zwischen den leichten Platinmetallen (Ru, Rh, Pol), die die d-Niveaus der 4. Schale mit Elektronen auffüllen und den schweren Platinmetallen (Os, Ir, Pt), die die d-Niveaus der 5. Schale mit Elektronen auffüllen.

Scandiumgruppe

Elemente der III. Nebengruppe des Periodensystems (Sc, Y, La, Ac). Hierbei handelt es sich ausschließlich um Metalle.

Stickstoffgruppe

Elemente der V. Hauptgruppe des Periodensystems (N, P, As, Sb, Bi). Stickstoff und Phosphor sind Nichtmetalle, Arsen ein Halbmetall, bei Antimon und Wismut handelt es sich um Metalle.

Titangruppe

Elemente der IV. Nebengruppe des Periodensystems (Ti, Zr, Hf, Rf). Hierbei handelt es sich ausschließlich um Metalle, Rutherfordium ist ein synthetisch hergestelltes Element.

Vanadiumgruppe

Elemente der V. Nebengruppe des Periodensystems (V, Nb, Ta, Db). Hierbei handelt es sich ausschließlich um Metalle, Dubnium ist ein synthetisch hergestelltes Element.

Zinkgruppe

Elemente der II. Nebengruppe des Periodensystems (Zn, Cd, Hg). Hierbei handelt es sich ausschließlich um Metalle.

1.4 Chemische Reaktionen

Aktivierungsenergie Energie, die benötigt wird, um ein Teilchen in einen angeregten Zustand zu versetzen, in dem es für eine chemische Umsetzung aktiviert ist.

Arrhenius-Gleichung $k = A \cdot e^{(-E_A/(R \cdot T))}$
Zeigt mathematisch die Abhängigkeit der Reaktionsgeschwindigkeitskonstante k von der Temperatur *T*. A ist hierbei eine Konstante, R die ideale Gaskonstante und E_A die Aktivierungsenergie.

Ausbeute Gibt den Anteil an Edukt an, der nach der Reaktion als Produkt entstanden ist. Werden mehrere Edukte eingesetzt, muss angegeben werden, auf welches Edukt sich die Ausbeute bezieht.

Autokatalyse Chemischer Vorgang, bei dem ein Zwischenprodukt der Reaktion oder das Produkt katalytisch auf die Reaktion wirkt. Die Reaktion katalysiert sich dadurch von selbst.

Autoxidation Reaktion eines Stoffes mit Sauerstoff ohne äußere Einwirkung, z. B. Rost, Patina. Die Autoxidation verläuft im Gegensatz zur Verbrennung sehr langsam und ohne merkliche Wärmebildung.

Bleichen Oxidativer Vorgang, durch den Farben aufgehellt werden.

Bleichmittel Chemische Verbindungen, die als Oxidationsmittel fungieren und somit Verfärbungen aufhellen. Gebräuchliche Bleichmittel sind z. B. Wasserstoffperoxid, Perborate und Peressigsäure. Bleichmittel haben oftmals auch Reinigungs- und Desinfektionswirkung.

Disproportionierung Reaktion, bei der aus einer Verbindung, die ein Element in einer mittleren Oxidationsstufe enthält, zwei Verbindungen entstehen, die dieses Element in einer höheren und einer niedrigeren Oxidationsstufe enthalten, z. B. $Cl_2 + H_2O \rightarrow HCl + HClO$.

Dynamisches Gleichgewicht Zustand einer chemischen Reaktion, in dem äußerlich kein Stoffumsatz mehr zu erkennen ist, weil Hin- und Rückreaktion in gleicher Geschwindigkeit erfolgen.

Edukt	Ausgangsstoff einer Stoffumwandlung.
Endergonischer Prozess	Prozess, der nur unter Zwang abläuft. Die freie Enthalpie ΔG ist größer als Null.
Endotherme Reaktion	Reaktion, zu deren Ablauf ständig Energie (Wärmeenergie) zugeführt werden muss.
Exergonischer Prozess	Prozess, der freiwillig abläuft. Die freie Enthalpie ΔG ist kleiner als Null.
Exotherme Reaktion	Nach Zuführung der Aktivierungsenergie wird beim Ablauf der Reaktion ständig Energie (Wärmeenergie) frei.
Gesetz der konstanten Proportionen	Elemente und Verbindungen reagieren in ganz bestimmten, festen Massenverhältnissen miteinander.
Gesetz der multiplen Proportionen	Die Massenverhältnisse von zwei Elementen, die sich zu verschiedenen chemischen Verbindungen vereinigen, stehen im Verhältnis einfacher ganzer Zahlen zueinander.
Gesetz von der Erhaltung der Masse	Bei chemischen Umsetzungen ist die Summe der Massen der Edukte gleich der Summe der Massen der Produkte.
Gibbs-Helmholtz-Gleichung	$\Delta G = \Delta H - T \cdot \Delta S$. Die freie Reaktionsenthalpie ΔG ist die Differenz aus der Reaktionsenthalpie ΔH und dem Produkt aus der absoluten Temperatur und der Entropie ($T \cdot \Delta S$). ΔG gibt Auskunft darüber, ob eine Reaktion exergonisch (freiwillig, $-\Delta G$) oder endergonisch (nur unter Zwang, $+\Delta G$) verläuft.
Gleichgewichtskonstante	Reaktionscharakteristische Konstante für Gleichgewichtsreaktionen, die sich rechnerisch aus den Konzentrationen der Edukte und Produkte im Gleichgewichtszustand ergibt, z. B. aus der Reaktion $aA + bB \rightleftarrows cC + dD$ ergibt sich die Gleichgewichtskonstante zu $K = [c(C)^c \cdot c(D)^d]/[c(A)^a \cdot c(B)^b]$.
Gleichgewichtsreaktion, Chemisches Gleichgewicht	Reaktion, die nicht vollständig abläuft und bei der neben einer Hinreaktion auch eine Rückreaktion stattfindet. Zwischen Hin- und Rückreaktion stellt sich ein Stoffmengengleichgewicht ein, das so genannte „chemische Gleichgewicht“.

Heßscher Satz
Besagt, dass die beim Übergang eines chemischen Systems von einem bestimmten Anfangs- in einen bestimmten Endzustand abgegebene oder aufgenommene Enthalpie unabhängig vom Reaktionsweg der Umsetzung ist.

Heterogene Katalyse
Katalysator und Reaktionspartner liegen in unterschiedlichen Phasen vor.

Homogene Katalyse
Katalysator und Reaktionspartner liegen in gleichen Phasen vor.

Hydratationsenergie
Energie, die freigesetzt wird, wenn sich Wassermoleküle an Ionen anlagern.

In statu nascendi, naszierend
Bezeichnung für den Zustand eines Stoffes zum Zeitpunkt seines Entstehens während einer Reaktion. Naszierende Stoffe sind meist reaktiver als ihr nicht naszierendes Gegenstück, z. B. liegt naszierender Wasserstoff atomar vor und ist ein stärkeres Reduktionsmittel als molekularer Wasserstoff.

Inhibitor
Stoff, der chemische Reaktionen verzögert oder hemmt.

Ionengleichung
Vereinfachte Schreibweise einer Reaktionsgleichung, bei der nur diejenigen Ionen aufgeführt werden, die auf Edukt- und Produktseite unterschiedliche Bindungspartner besitzen. Meist wird die Ladungsbilanz von Ionengleichungen durch H_3O^+ und H_2O ausgeglichen, z. B. $2\ CrO_4^{2-} + 2\ H_3O^+ \rightarrow Cr_2O_7^{2-} + 3\ H_2O$.

Irreversibel
Nicht umkehrbar, Gegenteil von reversibel.

Katalysator
Stoff, der durch Herabsetzen der Aktivierungsenergie Reaktionen beschleunigt. Liegt nach der Reaktion in unveränderter Form vor, kann Reaktionsteilnehmer oder lediglich Aktivator sein, hat keinen Einfluss auf die Lage des chemischen Gleichgewichts.

Kinetik
Lehre von den Bewegungen.

Komproportionierung, Synproportionierung
Aus einem Redoxsystem mit zwei Verbindungen, die das gleiche Element in verschiedenen Oxidationsstufen enthalten, entsteht ein Produkt, in dem dieses Element mit einer ▷

Oxidationsstufe zwischen den beiden anfänglichen Oxidationsstufen vorliegt, z. B. $IO_3^- + 5\ I^- + 6\ H_3O^+ \rightarrow 3\ I_2 + 9\ H_2O$.

Kristallisationsenthalpie, Kristallisationswärme, Kristallisationsenergie Diejenige Energiedifferenz aus Produkt und Edukt, die man beim Übergang einer (Salz-) Schmelze in die kristallisierte Form (Struktur des Kristallgitters) messen kann.

Kristallisationsgrad Gibt den Anteil eines teilkristallinen Systems an, der tatsächlich kristallin vorliegt.

Lavoisier-Prinzip Besagt, dass bei einer Reaktion alle Atome erhalten bleiben. Edukt- und Produktseite einer Reaktionsgleichung müssen demnach die gleiche Anzahl gleicher Atome aufweisen.

Le Chatelier-Prinzip Besagt, dass der Gleichgewichtszustand einer Reaktion sich durch Änderung äußerer Einflüsse (Druck, Temperatur, Konzentration) stets in die Richtung verlagert, in der die Reaktion dem äußeren Einfluss entgegenwirkt. Bei einer Temperaturerhöhung z. B. verschiebt sich das Gleichgewicht bei einer exothermen Reaktion in Richtung der Edukte.

Lösungsenthalpie, Lösungswärme, Lösungsenergie Diejenige Energiedifferenz, die notwendig ist, die Gitterenergie des Kristalls und die innermolekularen Kräfte des Lösungsmittels zu überwinden. Ist die Lösungsenthalpie positiv, muss dabei Wärme zugeführt werden. Bei einer negativen Lösungsenthalpie löst sich der Stoff unter Abgabe von Wärme.

Massenwirkungsgesetz Besagt, dass das Produkt aus den Konzentrationen der Produkte dividiert durch das Produkt der Edukte unter Beachtung der stöchiometrischen Koeffizienten, für Gleichgewichtsreaktionen eine konstante Größe für den Gleichgewichtszustand einer Reaktion ergibt, z. B. $aA + bB \rightleftarrows cC + dD$, $K_c = [c(C)^c \cdot c(D)^d]/[c(A)^a \cdot c(B)^b]$.

Neutralisation In einen neutralen Zustand überführen, z. B. durch Zusatz einer entgegengesetzt wirkenden Lösung zu einer sauer oder alkalisch reagierenden Lösung.

Ordnungsgrad Begriff aus der Thermodynamik, der den „inneren Zustand" eines Systems beschreibt. In Feststoffen ist der Ordnungsgrad der ▷

Atome, Moleküle oder Ionen hoch, in Flüssigkeiten mittel, in Gasen besteht nur noch ein geringer Ordnungsgrad.

Ordnungszustand Betrachtungsweise der Aggregatzustände hinsichtlich des Ordnungsgrads.

Ostwaldsche Stufenregel Besagt, dass ein in mehreren Energiezuständen vorkommendes chemisches System beim Entzug von Energie nicht direkt, sondern stufenweise in den energieärmeren Zustand übergeht. Hierdurch ist beispielsweise begründet, dass man beim Abkühlen einer Schwefelschmelze unterschiedliche Modifikationen des Schwefels erhält.

Oxidation Abgabe von Elektronen.

Oxidationsmittel Stoff, der eine Oxidation des Reaktionspartners bewirkt und selbst reduziert wird.

Oxidationszahl Formale Ladung, die ein Atom innerhalb chemischer Verbindungen besitzt. Sie dient zum Aufstellen von Redoxgleichungen und verdeutlicht die Elektronenwanderung bei Oxidation und Reduktion.

Perpetuum mobile Theoretisch ein Konstrukt, das einmalig von außen durch Energieeinwirkung aktiviert werden muss und durch den Erhalt der Energie diese endlos speichert, z. B. ein ewig rollendes Auto. In der Praxis jedoch nicht existent, da beispielweise durch Reibung zwangsläufig Energie verloren geht.

Produkt Endverbindung einer chemischen Reaktion.

Pufferlösung Wässrige Lösung, die aus einer schwachen Base oder einer schwachen Säure und dem korrespondierenden Salz besteht, z. B. Essigsäure/Natriumacetat. Bei Zugabe von geringen Mengen an Säure oder Lauge wird der pH-Wert durch die Pufferlösung nahezu konstant gehalten.

Reaktant Reaktionsteilnehmer.

Reaktion, chemische Vorgang der Stoffveränderung, bei dem aus einem oder mehreren Edukten, ein oder mehrere Produkte entstehen. Dabei wird von den Edukten Energie abgegeben oder aufgenommen. Die Produkte haben andere chemische Eigenschaften als die Edukte.

Reaktionsbedingungen Äußere, physikalische Einflüsse, bei deren Einsatz eine chemische Reaktion gezielt, selektiv und wiederholbar durchgeführt werden kann.

Reaktionsfähigkeit Bestreben von Stoffen eine chemische Verbindung einzugehen.

Reaktionsgeschwindigkeit Maß für die Konzentrationsänderung eines Stoffes pro Zeiteinheit. Formelzeichen ist r, die Einheit ist mol/(L·s), $r = \Delta c/t$.

Reaktionsgleichung Darstellung einer chemischen Reaktion mit Hilfe der Elementsymbole. Dabei werden die Edukte durch einen einfachen Pfeil bei vollständig ablaufenden Reaktionen oder durch einen Doppelpfeil entgegengesetzter Richtung bei Gleichgewichtsreaktionen von den Produkten getrennt. Links der Pfeile stehen die Edukte, rechts die Produkte.

Reaktionsmechanismus Abfolge einzelner Schritte einer chemischen Gesamtreaktion.

Reaktionstyp Gruppe von chemischen Reaktionen, die dem gleichen Prinzip folgen, z. B. Redoxreaktionen, bei denen Reduktion und Oxidation stets gemeinsam auftreten oder Säure-Base-Reaktionen, bei denen mindestens ein Edukt als Säure, ein Edukt als Base reagiert.

Reaktionswärme Wärmemenge, die beim Ablauf chemischer Reaktionen aufgewendet werden muss oder frei wird.

Redoxreaktion Chemische Umsetzung, bei der die Reaktionspartner Elektronen austauschen. Oxidation und Reduktion finden immer gleichzeitig statt.

Reduktion Aufnahme von Elektronen.

Reduktionsmittel Stoff, der eine Reduktion der Reaktionspartner bewirkt und selbst oxidiert wird.

Reversibel Umkehrbar, Gegenteil von irreversibel.

RGT-Regel, Van't Hoff Regel Reaktionsgeschwindigkeits-Temperatur-Regel. Besagt, dass bei einer Temperaturerhöhung um 10 °C bei chemischen Reaktionen annähernd eine Verdoppelung der Reaktionsgeschwindigkeit eintritt.

Säure-Base-Paar	Zwei Teilchen, von denen das eine die protonierte Form des anderen darstellt, z. B. HCl, Cl^-.
Säure-Base-Reaktion	Protonenübergangsreaktion, dabei gibt ein Stoff Protonen ab (Säure), die von einem zweiten Stoff (Base) aufgenommen werden.
Silanisieren	Chemische Anbindung einer Silanverbindung (allg. Formel Si_nH_{2n+2}) an die Oberfläche eines Stoffs.
Solvatationsenergie	Energie, die freigesetzt wird, wenn ein Stoff in Lösung geht.
Thermodynamik-Hauptsätze	Es gibt vier Hauptsätze der Thermodynamik, den 0., 1., 2. und den 3. Hauptsatz.
Thermodynamik, 0. Hauptsatz	Stehen 2 Systeme jeweils mit einem dritten im thermodynamischen Gleichgewicht, so stehen sie auch untereinander im Gleichgewicht.
Thermodynamik, 1. Hauptsatz	Energie kann weder erzeugt noch vernichtet, sondern nur in andere Energiearten umgewandelt werden.
Thermodynamik, 2. Hauptsatz	Thermische Energie ist nicht in beliebigem Maße in andere Energiearten umwandelbar.
Thermodynamik, 3. Hauptsatz	Der absolute Nullpunkt der Temperatur ist unerreichbar.
Umsatz	Gibt an, wie viel Edukt bei einer Reaktion reagiert. Umsatz ist der Anteil der umgesetzten Menge einer Komponente bezogen auf die eingesetzte Gesamtmenge. Der Umsatz kann durch die Reaktionsbedingungen beeinflusst werden.
Verbrennung	Reaktion von Sauerstoff mit chem. Elementen oder Verbindungen unter Wärmeabgabe.
Vulkanisieren	Verfahren zur Veredlung von Kautschuk. Dabei wird Kautschuk mit Schwefelverbindungen umgesetzt. Die Kautschukmoleküle werden über Schwefelbrücken vernetzt. Dadurch wird die Struktur in einen elastischen (gummiartigen) Zustand überführt.
Zwischenprodukt	Reaktionsprodukt, das bei einer chemischen Reaktion entstehen kann, aber nicht Endprodukt ist. Zwischenprodukte können (kurzzeitig) stabil sein, können mitunter aber auch nur theoretische, instabile Strukturen sein.

1.5 Stoffe

Aggregatzustand

Temperatur- und druckabhängiger physikalischer Zustand von Stoffen: gasförmig, flüssig, fest.

Aggregatzustand, fest, Feststoff

Stoffe sind fest, wenn die Bewegungsenergie ihrer Teilchen nicht ausreicht, ihre gegenseitigen Anziehungskräfte oder Wechselwirkungen zu überwinden. Sie haben eine stabile äußere Form und nehmen ein definiertes Volumen ein.

Aggregatzustand, flüssig

Stoffe sind flüssig, wenn die Bewegungsenergie der Teilchen ausreicht, ihre gegenseitigen Anziehungskräfte auszugleichen. Die Teilchen können sich gegeneinander verschieben. Sie haben ein definiertes Volumen, aber keine stabile Form.

Aggregatzustand, gasförmig

Stoffe sind gasförmig, wenn die Bewegungsenergie ihrer Teilchen so groß ist, dass ihre gegenseitigen Anziehungskräfte überwunden werden. Die Teilchen sind frei beweglich. Sie haben weder eine stabile Form, noch ein definiertes Volumen.

Amorph

Stoffeigenschaft, bei der die Anordnung der Atome keine geordnete Struktur aufweisen. Gegenteil von kristallin.

Analyse

Zerlegung eines Stoffes in seine Einzelbestandteile.

Anhydrid

Reaktive, chemische Verbindung, die durch Wasserabspaltung aus Säuren oder Basen entsteht.

Entropie

Maß für die Unordnung in einem System. In Feststoffen können sich die Teilchen nicht bewegen, die Unordnung ist sehr gering. In gasförmigen Stoffen sind die Teilchen frei beweglich, sodass eine große Unordnung herrscht. Die Entropie in gasförmigen Stoffen ist also höher als in Feststoffen.

Geschlossenes System

Innerhalb eines geschlossenen Systems findet kein nach außen erkennbarer Stoffaustausch statt. Allerdings kann ein Energieaustausch ▷

stattfinden, z. B. über die Wärmeleitfähigkeit der Gefäßwände.

Inert Reaktionsträge oder reaktionsunfähig.

Isobar Zustandsänderung, bei der der Druck im System konstant bleibt.

Isochor Zustandsänderung eines Gases, bei der das Volumen konstant bleibt.

Isotherm Zustandsänderung, bei der die Temperatur im System konstant bleibt.

Isoton Lösungen sind isoton, wenn sie die gleiche Anzahl osmotisch wirksamer Teilchen enthalten, z. B. Lösungen mit gleicher Konzentration an gelösten Salzen.

Komponente Bestandteil eines Stoffgemischs.

Kristallisation Vorgang, bei dem das Löslichkeitsprodukt eines gelösten Salzes überschritten wird und das Salz ausfällt.

Löslichkeit Die Masse an Reinstoff, die maximal bei der angegebenen Temperatur im Lösemittel gelöst werden kann.

Mischkristall Kristall aus mindestens zwei verschiedenen chemischen Elementen, wobei Fremdatome oder Fremdionen in die Kristallstruktur eines anderen Elementes eingelagert werden oder substituierend wirken. Mischkristalle mit metallischen Eigenschaften heißen Legierungen.

Mischung Stoffvereinigung, die durch physikalische Vorgänge in seine Einzelbestandteile aufgetrennt werden kann.

Phasendiagramm Druck-Temperatur-Diagramm, in dem die Übergänge der drei Aggregatzustände eines Stoffes, z. B. Wasser, durch Kurvenverläufe dargestellt sind.

Reagenz Chemische Verbindung, die mit anderen Stoffen eine selektive, wiederholbare Reaktion eingeht.

Stoffmenge Quotient aus der Masse eines Stoffes und seiner molaren Masse. Das Formelzeichen ist n, die Einheit Mol.

Strukturmerkmale Alle den Aufbau eines Stoffes betreffende Besonderheiten wie Bindungsverhältnisse, Raumstruktur oder funktionelle Gruppen.

Substanz Synonym für anorganische oder organische chemische Stoffe. Im chemischen Zusammenhang ist es ein Stoff, der in fester Form vorliegt.

Synthese Vereinigung mehrerer Stoffe zu einer chemischen Verbindung.

Tripelpunkt In einem Druck-Temperatur-Diagramm derjenige Punkt, an dem die drei Aggregatzustände – gasförmig, flüssig und fest – eines Systems im Gleichgewicht sind und daher nebeneinander vorliegen.

Trivialname Name für einen Stoff, der einer Systematik folgt, die nicht den IUPAC-Regeln entspricht. Es können meist keine Rückschlüsse auf die chemische Struktur gezogen werden.

Wärmeleitung Wärmetransport durch ein Material, der aufgrund eines Temperaturunterschiedes erfolgt.

Wärmeströmung, Konvektion Hierbei wandert die Energie von einem Ort höherer Temperatur mit der erwärmten Materie zu einem Ort niedrigerer Temperatur, der Energietransport ist mit einem Materietransport verbunden.

1.5.1 Salze

Acetat, Ethanoat Salz der Essigsäure (Ethansäure), z. B. Natriumacetat (Natriumethanoat), CH_3COONa.

Alaun Doppelsalz der Schwefelsäure mit einem einwertigen und einem dreiwertigen Metallkation und 12 Molekülen Kristallwasser, z. B. Kaliumaluminiumsulfat-12-Hydrat, $KAl(SO_4)_2 \cdot 12\ H_2O$.

Basisch reagierendes Salz Salz, das aus einem Anion einer schwachen Säure und einem Kation einer starken Base besteht, z. B. Natriumcarbonat, Na_2CO_3.

Basisches Salz Salz, in dem nicht alle Hydroxidionen der salzbildenden Base durch Säurerestanionen ersetzt sind, z. B. Zinkhydroxynitrat, $Zn(OH)NO_3$.

Borat Salz der Borsäure, z. B. Natriumborat, Na_3BO_3.

Carbonat Salz der Kohlenstoffsäure, z. B. Natriumcarbonat, Na_2CO_3.

Chlorid Salz der Chlorwasserstoffsäure, z. B. Natriumchlorid, NaCl.

Doppelsalz Salz mit mehreren verschiedenen Kationen oder Anionen.

Hygroskopisch Wasserziehend.

Neutral reagierendes Salz Salz, das aus einem Anion einer starken Säure und einem Kation einer schwachen Base besteht, z. B. Kaliumsulfat, K_2SO_4, oder ein Salz, das aus einem Anion einer schwachen Säure und einem Kation einer schwachen Base besteht, z. B. Ammoniumcarbonat, $(NH_4)_2CO_3$.

Neutrales Salz Salz, in dem alle Wasserstoffionen der salzbildenden Säure durch Metallkationen und alle Hydroxidionen der salzbildenden Base durch Säurerestanionen ersetzt sind, z. B. Kaliumnitrat, KNO_3.

Nitrat Salz der Salpetersäure, z. B. Natriumnitrat, $NaNO_3$.

Phosphat Salz der Phosphorsäure, z. B. Natriumphosphat, Na_3PO_4.

Primäres Salz Salz, in dem ein Wasserstoffion der salzbildenden Säure durch ein Metallkation ersetzt ist, z. B. Natriumdihydrogenphosphat, NaH_2PO_4.

Salz Verbindung, die aus Kationen und Anionen aufgebaut ist. Dissoziiert in wässriger Lösung oder in der Schmelze und leitet den elektrischen Strom.

Sauer reagierendes Salz Salz, das aus Anionen starker Säuren und Kationen schwacher Basen besteht, z. B. Ammoniumchlorid, NH_4Cl.

Saures Salz Salz, in dem nicht alle Wasserstoffionen der salzbildenden Säure durch Metallkationen ersetzt sind, z. B. Kaliumhydrogensulfat, $KHSO_4$.

Sekundäres Salz Salz, in dem zwei Wasserstoffionen der salzbildenden Säure durch Metallkationen ersetzt sind, z. B. Dinatriumhydrogenphosphat, Na_2HPO_4.

Sikkativ Stoff, der feuchten Substanzen zugesetzt wird, um die Trocknung zu beschleunigen.

Sulfat Salz der Schwefelsäure, z. B. Bariumsulfat, $BaSO_4$.

Sulfid Salz des Schwefelwasserstoffs, z. B. Nickelsulfid, NiS.

Sulfit Salz der Schwefligen Säure, z. B. Calciumsulfit, $CaSO_3$.

Tertiäres Salz Salz, in dem drei Wasserstoffionen der salzbildenden Säure durch Metallkationen ersetzt sind, z. B. Trinatriumphosphat, Na_3PO_4.

1.5.2 Lösungen

Abstumpfen Vorgang, bei dem der pH-Wert durch Zugabe eines Salzes, einer nicht vollständig dissoziierten Säure oder Base, in Richtung des Neutralbereichs verschoben wird. Dabei baut sich ein Puffersystem auf.

Acidität Fähigkeit einer Verbindung, Protonen abzugeben.

Alkalisch Zustand einer Lösung, in der die OH^--Ionenkonzentration größer als die H_3O^+-Ionenkonzentration ist. Der pH-Wert ist dadurch größer als 7,0.

Amphiprotisches Lösemittel Ist amphoter und nimmt, da es eine Autoprotolyse zeigt, am Protonenaustausch teil.

Ampholyt, amphoterer Stoff Stoff, der je nach Reaktionspartner sowohl als Base auch als Säure reagieren kann.

Anionbase Anion schwacher Säuren, das mit Wasser unter Bildung von OH^--Ionen protolysiert und dadurch eine alkalische Reaktion zeigt, z. B. $CO_3^{2-} + H_2O \rightarrow HCO_3^- + OH^-$.

Anionsäure Anion von Hydrogensalzen, das mit Wasser unter Bildung von H_3O^+-Ionen protolysiert und dadurch eine saure Reaktion zeigt, z. B. $HCO_3^- + H_2O \rightarrow H_3O^+ + CO_3^{2-}$.

Aprotisches Lösemittel Weist keine Autoprotolyse auf, dadurch kann es Protonen weder aufnehmen noch abgeben.

Arrhenius-Base

Nach der Theorie von Arrhenius ist dies eine Verbindung, die in wässriger Lösung zu Hydroxidionen (OH^-) und Kationen dissoziiert.

Arrhenius-Säure

Nach der Theorie von Arrhenius ist dies eine Verbindung, die in wässriger Lösung zu Wasserstoffionen (H^+) und Anionen dissoziiert.

Base

Hierfür gibt es keine einheitliche Definition. Gängige Beschreibungen folgen den Theorien von Arrhenius, Brönstedt oder Lewis.

Basenkonstante

Stoffkonstante (K_B), die angibt, in welchem Maß eine Base in einer Gleichgewichtsreaktion mit Wasser unter Protolyse reagiert. Starke Basen, z. B. NaOH, protolysieren vollständig in wässriger Lösung, schwache Basen, z. B. NH_4OH, nur zum Teil.

Bellsche Regel

Überschlagsregel für Sauerstoffsäuren der Elemente E in der Form $EO_m(OH)_n$, durch die der pK_s-Wert nach der Formel $pK_s = 8 - 5 \cdot m$ berechnet werden kann, z. B. H_2SO_4 ($SO_2(OH)_2$), $pK_s = 8 - 5 \cdot 2 = -2$. Nach der Bellschen Regel wächst die Acidität mit abnehmender Zahl von Wasserstoffatomen und zunehmender Zahl von Sauerstoffatomen.

Brönstedt-Base

Nach der Theorie von Brönstedt ist dies ein Stoff, der Protonen (H^+) aufnehmen kann, Protonenakzeptor.

Brönstedt-Säure

Nach der Theorie von Brönstedt ist dies ein Stoff, der Protonen (H^+) abgeben kann, Protonendonator.

Brownsche Molekularbewegung

Temperaturabhängige Teilchenbewegung, die sich unter einem Mikroskop sichtbar machen lässt.

Detergens, Tensid

In Reinigungs- und Waschmitteln enthaltene Substanz, die durch Herabsetzen der Oberflächenspannung des Wassers und durch Emulgieren von lipophilen Verunreinigungen den Reinigungsprozess erleichtert.

Echte Lösung

Enthält Ionen oder Moleküle mit einem Durchmesser von bis zu 1,0 nm. Vom Auge wird diese Lösung als vollkommen klar wahrgenommen.

Einprotonige Säure, Einwertige Säure — Bezeichnung für Säuren mit einem abspaltbaren Wasserstoffion pro Molekül.

Eisessig — Konzentrierte Form der Essigsäure (Ethansäure), der Massenanteil beträgt mindestens 98 %.

Elektrolyt — Chemische Verbindung, die in wässriger Lösung in Ionen zerfallen kann, z. B. Säuren, Laugen, Salze.

Elektrolytische Dissoziation — Aufspaltung eines Salzes in freibewegliche Ionen unter Einfluss von Wasser.

Emulgator — Grenzflächenaktiver Hilfsstoff, der die gleichmäßige Verteilung von mindestens zwei nicht mischbaren Phasen ermöglicht und zeitgleich die Entmischung verhindert.

Gesättigte Lösung — Die maximal mögliche Masse eines Stoffs, die sich bei der gegebenen Temperatur lösen kann, wurde dem Lösemittel zugesetzt, bei weiterer Stoffzugabe bildet sich ein Bodensatz.

Hydrophil — Wasserliebende Stoffe, die gut in Wasser löslich sind. Gegenteil: hydrophob.

Hydrophob — Wassermeidende Stoffe, die in Wasser schwer löslich sind. Gegenteil: hydrophil.

Ideale Lösung — In einer idealen Lösung treten praktisch keine Wechselwirkungen zwischen den Molekülen auf (vor allem bei stark verdünnten Lösungen).

Ionenprodukt — Produkt der Stoffmengenkonzentration oder der Aktivitäten aller in einem Medium durch elektrolytische Dissoziation gelösten Ionen. Bei gesättigten Lösungen entspricht das Ionenprodukt dem Löslichkeitsprodukt.

Isoelektrischer Punkt — Derjenige pH-Wert einer wässrigen Lösung, bei dem sich die negative und die positive Ladung von Zwitterionen oder von Ampholyten gegenseitig ausgleichen. Am isoelektrischen Punkt ist eine Verbindung ungeladen und wandert deshalb nicht im elektrischen Feld.

Kationsäure — Kation von Salzen schwacher Basen, das mit Wasser unter Bildung von H_3O^+-Ionen protolysiert und dadurch eine saure Reaktion hervorruft, z. B. $NH_4^+ + H_2O \rightarrow H_3O^+ + NH_3$.

Koagulation Ausflockung von gelösten oder suspendierten Substanzen, z. B. durch Zusatz von Elektrolyten oder durch Zusatz von entgegengesetzt geladen Ionen oder durch Erhitzen.

Kolloidale Lösung, Unechte Lösung Bezeichnung für Lösungen, in denen der im Lösemittel gelöste Stoff zwar fein verteilt ist, er aber im Gegensatz zu echten Lösungen durch geeignete Maßnahmen sichtbar gemacht werden kann.

Königswasser Gemisch aus Salzsäure und Salpetersäure im Volumenverhältnis 3:1. Löst fast alle Metalle, insbesondere auch Gold.

Lewis-Base Nach der Theorie von Lewis sind Basen Moleküle oder Atome, die ein freies Elektronenpaar aufweisen (Elektronenpaardonatoren).

Lewis-Säure Nach der Theorie von Lewis sind Säuren Moleküle oder Atome, die eine Elektronenpaarlücke aufweisen (Elektronenpaarakzeptoren).

Lipophil Fettliebende Stoffe, die gut in Fetten und Ölen löslich sind. Gegenteil: lipophob.

Lipophob Fettmeidende Stoffe, die in Fetten und Ölen schwer löslich sind. Gegenteil: lipophil.

Lösemittel Flüssiger Stoff, der feste, flüssige oder gasförmige Stoffe lösen kann, ohne dass es zu einer chemischen Reaktion zwischen dem zu lösenden Stoff und dem Lösemittel kommt.

Lösung Homogenes Gemisch aus mindestens zwei chemisch reinen Stoffen. Man unterscheidet zwischen gelöstem Stoff und Lösemittel. Das Lösemittel ist flüssig, der gelöste Stoff fest, flüssig oder gasförmig.

Massenanteil Quotient aus der Masse eines Stoffes und der Gesamtmasse des Stoffgemisches, Formelzeichen ist w, dimensionslos.

Massenkonzentration Quotient aus der Masse der gelösten Substanz und dem Volumen der Lösung, Formelzeichen ist β, die Einheit g/L.

Mehrprotonige Säure, Mehrwertige Säure Bezeichnung für eine Säure mit mehreren abspaltbaren Wasserstoffionen pro Molekül.

Metastabil
Zustand, in dem ein Stoff oder eine Lösung stabil gegen kleine Änderungen, instabil jedoch gegen größere Veränderungen ist. Im metastabilen Zustand haben Stoffe oder Lösungen eine höhere Energie als die stabilen Vertreter. Die Umwandlung erfolgt allerdings erst durch Aufwand von Energie, da die Aktivierungsenergie überwunden werden muss.

Mischungsgleichung
Mathematische Methode zur Berechnung einzusetzender Volumina oder Massen zweier oder mehrerer Stoffe, die gemischt werden sollen, mit dem Ziel eine neue Mischung mit vorgegebenen Kriterien zu erhalten. Die allgemeine Formel lautet:
$m_1 \cdot w_1 + m_2 \cdot w_2 + ... + m_i \cdot w_i = m_M \cdot w_M$.

Mischungskreuz
Vereinfachte mathematische Methode zur Berechnung von Mischungsverhältnissen zweier Stoffe, mit dem Ziel, eine Lösung vorgegebener Konzentration herzustellen.

Mol
SI-Einheit der Stoffmenge *n*. Ein Mol eines jeden Stoffes enthält $6{,}022 \cdot 10^{23}$ Teilchen.

Molalität
Quotient aus der Stoffmenge eines gelösten Stoffes und der Masse des Lösemittels. Die Molalität ist nicht temperaturabhängig. Einheit ist mol/kg.

Neutralbase
Bezeichnung für einen Stoff, der ein Wasserstoffion aufnehmen kann und keine Ladung trägt, z. B. NH_3.

Neutralsäure
Bezeichnung für einen Stoff, der ein Wasserstoffion abgeben kann und keine Ladung trägt, z. B. HCl.

Oberflächenspannung
Effekt, der an den Grenzflächen zwischen zwei unterschiedlichen Medien, z. B. Wasser und Luft, auftritt. Hat seine Ursache in den zwischenmolekularen Kräften, die die Substanz zusammenhalten. Diese Kohäsionskräfte gleichen sich im Inneren der Flüssigkeit für die einzelnen Moleküle aus, weil jedes Molekül von Nachbarmolekülen umgeben ist. An der Oberfläche gibt es nach außen hin keine Nachbarmoleküle, daraus resultiert eine Kraft, ▷

die in das Innere der Flüssigkeit gerichtet ist und durch eine Krümmung der Oberfläche deutlich wird. Das Formelzeichen ist σ, die Einheit N/m gleich kg/s^2.

Oleum „Rauchende“ Schwefelsäure, Lösung von Schwefeltrioxid in 100%-iger Schwefelsäure.

Osmotischer Druck Derjenige Druck, der sich in einer Kammer einstellt, in der zwei unterschiedlich konzentrierte Lösungen durch eine semipermeable Membran getrennt sind und in der durch den Konzentrationsausgleich der beiden Lösungen (Osmose) so lange Lösemittelmoleküle diffundieren, bis sich dieser Druck in der gesamten Kammer eingestellt hat. Formelzeichen ist Π.

pK_B-Wert Der negative dekadische Logarithmus der Basenkonstante.

pK_S-Wert Der negative dekadische Logarithmus der Säurekonstante.

Protolyse Chemische Reaktion, bei der Protonen (H^+) zwischen den Reaktionspartnern übertragen werden.

Protonenakzeptor Stoff, der ein Proton von einem Reaktionspartner, dem Protonendonator, übernimmt.

Protonendonator Stoff, der ein Proton an einen Reaktionspartner, den Protonenakzeptor, überträgt.

Sättigungsdampfdruck Physikalische Größe, die die Wechselwirkung von Gas- und Flüssigkeitsmolekülen an einer Flüssigkeitsoberfläche charakterisiert. Die Anzahl an entstehenden Gasmolekülen entspricht der Anzahl der kondensierenden Flüssigkeitsmoleküle. Zwischen den Molekülen liegt ein dynamisches Gleichgewicht vor.

Sauer Zustand einer Lösung, in der die H_3O^+-Ionenkonzentration größer als die OH^--Ionenkonzentration ist. Der pH-Wert ist dadurch kleiner als 7,0.

Sauerstoffsäure Säure, die Wasserstoff, Sauerstoff und das namengebende Element enthält, z. B. Schwefelsäure, H_2SO_4.

Säure Hierfür gibt es keine einheitliche Definition. Gängige Beschreibungen folgen den Theorien von Arrhenius, Brönstedt oder Lewis.

Säurekonstante Stoffkonstante (K_S), die angibt, in welchem Maße eine Säure in einer Gleichgewichtsreaktion mit Wasser unter Protolyse reagiert. Starke Säuren, z. B. HCl, protolysieren vollständig in wässriger Lösung, schwache Säuren, z. B. CH_3COOH, nur zum Teil.

Säurestärke Maß für die Fähigkeit eines gelösten Stoffes, ein Proton an einen Reaktionspartner zu übertragen.

Scheidewasser 50%-ige Salpetersäure. Die Bezeichnung hat ihren Ursprung darin, dass 50%-ige Salpetersäure mit reinem Silber unter Stickoxidentwicklung reagiert, mit Gold jedoch nicht. So können die Edelmetalle Silber und Gold getrennt (geschieden) werden.

Solvens Lösemittel.

Stoffmengenanteil Quotient aus der Stoffmenge der Einzelkomponente und der Summe der Stoffmengen aller in einem Stoffgemisch vorhandenen Komponenten. Formelzeichen: χ, dimensionslos.

Thixotropie Eigenschaften mancher verfestigter Gele, durch äußere mechanische Kräfte vorübergehend in einen flüssigen Zustand überzugehen, z. B. Ketchup.

Tyndall-Effekt Optischer Effekt, bei dem kleinste Feststoffteilchen oder Flüssigkeitströpfchen in kolloiden Lösungen im Lichtkegel, der von der Seite auf die Lösung trifft, sichtbar werden. Findet Anwendung in der Nephelometrie.

Übersättigte Lösung Lösung, meist ohne Bodenkörper, hat bereits mehr Stoff gelöst als theoretisch möglich. Die Auskristallisation ist durch Fehlen von Kristallisationskeimen verzögert. Tritt z. B. beim Abkühlen einer Lösung auf.

Ungesättigte Lösung Lösung, in der die Stoffmenge eines gelösten Stoffs unterhalb der maximal möglichen löslichen Menge liegt.

Verdünnungsgrenze, Linearitätsgrenze
Obere Grenze eines linearen Bereichs für quantitative Bestimmungen, ab der die Lösung verdünnt werden muss, um in den linearen Bereich zu gelangen. Der lineare Messbereich quantitativer Bestimmungen wird damit nach unten durch die Nachweis- und nach oben durch die Verdünnungsgrenze beschränkt.

Volumenanteil
Quotient aus dem Volumen der zu mischenden Flüssigkeit und der Summe der Volumina der zu mischenden Flüssigkeiten vor dem Mischungsvorgang, Formelzeichen ist υ.

Volumenkontraktion
Beim Mischen verschiedener Flüssigkeiten (z. B. Ethanol und Wasser) kann das Volumen des Gemisches durch Neuanordnung der Moleküle im Gemisch kleiner sein als die Summe der Volumina der Einzelbestandteile.

Volumenkonzentration
Quotient aus dem Volumen der zu mischenden Flüssigkeit und dem Volumen des Flüssigkeitsgemisches, Formelzeichen ist σ, die Einheit mL/L.

Wasserstoffsäure
Säure, die außer Wasserstoff nur ein einziges Element, z. B. Schwefelwasserstoff, H_2S, oder eine einfache Atomgruppe, z. B. Cyanwasserstoff, HCN, enthält.

Zwitterion
Verbindung, die eine negativ und eine positiv geladene Gruppe in einem Molekül aufweist.

1.5.3 Gase

Allgemeine Gasgleichung, Gasgesetz, ideales
Wird aus mehreren einzelnen empirischen Gasgesetzen hergeleitet und beschreibt den Zustand eines idealen Gases in Bezug auf die Zustandsgrößen Druck, Volumen, Temperatur und Stoffmenge, $p \cdot V = n \cdot \mathrm{R} \cdot T$. Die allgemeine Gaskonstante R hat einen Wert von 0,083144 L · bar/(K·mol).

Boyle-Mariottsches Gesetz
Besagt, dass der Druck idealer Gase bei gleichbleibender Temperatur und gleichbleibender Stoffmenge umgekehrt proportional zum Volumen ist.

Freiheitsgrad

Bewegungsmöglichkeiten eines Gas-Moleküls, ausgelöst durch Anregung. Man unterscheidet die Freiheitsgrade der
- Fortbewegung (Translation): maximal drei in Richtung der Raumachsen, der
- Drehbewegung (Rotation): maximal drei um die Molekülachsen, und der
- Schwingung (Oszillation): zunehmende Anzahl bei zunehmender Atomanzahl im Molekül.

Die Erwärmungsfähigkeit eines Moleküls mit konkreten Energiemengen ist abhängig von der Anzahl an Freiheitsgraden. Daher kann über den Energieaufwand berechnet werden, welche Struktur, z. B. eben oder gewinkelt, das Gas-Molekül besitzt.

Gaskonstante, allgemeine

Produkt aus Avogadroscher Zahl N_A und Boltzmannkonstante k_B. Formelzeichen ist R, der Wert ergibt sich zu
$R = 0{,}083144\ L \cdot bar/(K \cdot mol)$.

Gay Lussacsches-Gesetz

Besagt, dass das Volumen idealer Gase bei gleichbleibendem Druck und gleichbleibender Stoffmenge der Temperatur direkt proportional ist.

Ideales Gas

Idealisierte Vorstellung eines Gases, bei der angenommen wird, dass sich jedes Gasteilchen frei in alle Raumrichtungen bewegen kann, ohne dass Kräfte, z. B. Zusammenstöße mit anderen Gasteilchen, Anziehungs- und Abstoßungskräfte von Gasteilchen untereinander, auf das Gasteilchen einwirken.

Knallgas

Gasgemisch aus Wasserstoff und Sauerstoff, das sich bei Zündung explosionsartig zu Wasserdampf umsetzt.

Kondensationsenthalpie
Kondensationswärme
Kondensationsenergie

Die zum Verdampfen notwendige Wärmemenge, die beim Kondensieren frei wird.

Lachgas

Distickstoffmonoxid. Zeigt schwach betäubende Wirkung und ruft in geringen Mengen eingeatmet einen rauschartigen Zustand und eine krampfartige Lachlust hervor. Wurde früher zu Narkosezwecken eingesetzt.

Leidenfrost-Phänomen

Effekt, der eintritt, wenn die Temperatur einer festen Oberfläche wesentlich über der Siedetemperatur einer Flüssigkeit liegt. Berührt die Flüssigkeit die Oberfläche, bildet sich zwischen Flüssigkeit und Oberfläche eine dünne Dampfschicht, auf der die Flüssigkeit gleiten kann, ohne sofort zu verdampfen, z. B. ein Wassertropfen auf einer heißen Herdplatte. Macht es auch möglich, für eine kurze Zeit die Hand in flüssigen Stickstoff einzutauchen, ohne sich zu verbrennen.

Molares Gasvolumen, Normvolumen

Volumen, das ein Mol eines idealen Gases unter Normbedingungen (p = 1013,25 mbar, T = 273,15 K) stets einnimmt.
Wert: V = 22,414 L.

Normbedingungen

Weltweit gültige, standardisierte Werte für die Temperatur T und den Druck p, um Aussagen über die Eigenschaften eines Gases treffen zu können, T = 273,15 K und p = 1013,25 mbar.

Normdruck

Bestandteil der Normbedingungen. Der Druck p wird hierbei mit p = 1013,25 mbar angenommen.

Normzustand

Zustand eines Gases unter Normbedingungen.

Reales Gas

Bezeichnung für den Zustand eines Gases, in dem sich die Gasmoleküle oder -atome ausdehnen und über Stöße untereinander wechselwirken können, z. B. durch van-der-Waals-Kräfte. Möchte man für reale Gase die allgemeine Gasgleichung anwenden, müssen rechnerisch so genannte Korrelationsglieder berücksichtigt werden.

Technische Gase

Sammelbegriff für alle Gase, die von der gasproduzierenden Industrie für unterschiedliche Anwendungen in Technik und Forschung hergestellt werden.

Wassergas

Gasgemisch aus Wasserstoff und Kohlenstoffmonoxid, das sich bei der technischen Herstellung von Wasserstoff aus der Spaltung von Wasser mithilfe von Kohlenstoff bei 800 °C bis 1000 °C bildet.

1.5.4 Disperse Systeme

Aerosol

Stoffsystem aus einem Gas und darin feinverteilten festen (Rauch) oder flüssigen (Nebel) Bestandteilen.

Bodenkörper

Fester Stoffrest, der sich in einem Lösemittel nicht löst. Da die Dichte eines festen Stoffs größer als die des flüssigen Lösemittels ist, sinkt der Stoffrest zu Boden.

Disperses System, Dispersion

Stoffsystem, bei dem in einem Stoff, der im festen, flüssigen oder gasförmigen Aggregatzustand vorliegt, ein Stoff fein verteilt ist.

Emulsion

Stoffsystem, das aus zwei nicht miteinander mischbaren Flüssigkeiten besteht, z. B. Wasser und Öl.

Gel

Hydrophiles, wasserreiches Kolloid, das zu einer gallertartigen Masse erstarrt.

Kolloid

Teilchen oder Tröpfchen, die in einem Dispersionsmedium (Gas, Flüssigkeit oder Feststoff) fein verteilt sind. Die Größe von Kolloiden beträgt zwischen 1 nm und 1000 nm.

Nebel

Spezielle Form eines Aerosols. Verteilung von kleinsten Flüssigkeitsteilchen in Gasen.

Rauch

Spezielle Form eines Aerosols. Verteilung von feinsten, festen Stoffen in Gasen.

Schaum

Stoffsystem, bei dem Gas in Flüssigkeiten (flüssiger Schaum) oder in Feststoffen (fester Schaum) feinst verteilt ist.

Sole

Allgemein gesättigte Lösungen von Salzen in Wasser. Als Sole wird auch das natürliche vorkommende Steinsalz als Vorstufe der Kochsalzgewinnung bezeichnet.

Suspension

Stoffsystem, bei dem schwerlösliche Feststoffteilchen in Flüssigkeiten vorliegen.

2 Anorganische Chemie

2.1 Metalle, Nichtmetalle

Allotropie
Bezeichnet die Eigenschaft von Elementen, je nach Bedingungen (Temperatur, Druck) in verschiedenen Erscheinungsformen vorzukommen, z. B. Kohlenstoff als Graphit und Diamant.

Bronze
Legierung aus Kupfer und Zinn.

Brünieren
Maßnahme des Korrosionsschutzes, bei der Werkstücke in saure oder alkalische Lösungen eingetaucht werden. Dabei entstehen Eisenmischoxidschichten, die eine tiefschwarze Schutzschicht bilden.

Cluster
Bezeichnung für Gruppen direkt miteinander verbundener Metallatome. Bei diesen allgemein bezeichneten M_n-Gruppen kann n im Bereich von 3 bis 50.000 liegen.

Diamagnetismus
Bei dieser Form des Magnetismus sind Stoffe bestrebt, aus einem Magnetfeld herauszuwandern bzw. ein angelegtes äußeres Magnetfeld im Stoffinneren abzuschwächen.

Edelmetalle
Gruppe sehr beständiger Metalle, die nur von oxidierenden Säuren in Lösung gebracht werden können, z. B. Gold, Silber, Quecksilber.

Eloxieren
Verfahren, bei dem Metalle mit einer Oxidschicht zum Schutz vor (weiterer) Oxidation überzogen werden.

Eutektikum
Zustand einer Legierung aus zwei oder mehreren Stoffen, an dem die Zusammensetzung den niedrigsten Schmelz- bzw. Erstarrungspunkt aufweist.

Ferromagnetismus
Form des Magnetismus, bei dem Stoffe, nachdem sie einem externen Magnetfeld ausgesetzt werden, selbst zum Magneten werden. Eisen, Cobalt und Nickel sind ferromagnetisch.

Flotation, Schwimmaufbereitung
Verfahren zur Aufbereitung von Erzen. Feinzerteiltes Erz wird dabei mit viel Wasser und wenig speziellem Öl versetzt. Das Erz wird ▷

von Öl benetzt und an die Oberfläche getragen. Die Ölschicht wird abgeschöpft und daraus das reine Metall gewonnen.

Flüssiger Stickstoff Aggregatzustand des Stickstoffs bei einer Temperatur von $\vartheta = -196\ °C$.

Flussmittel Stoffe, die als Zusatz zu keramischen Massen den Schmelzvorgang erleichtern sollen.

Halbleiter Schlecht leitende Stoffe, die erst durch Zuführen thermischer Energie leitfähig werden, wobei die Leitfähigkeit mit steigender Temperatur zunimmt. Bei Zuführung von Energie werden einzelne Elektronen aus Bindungen herausgerissen und in ein sogenanntes Leitungsband angeregt, wodurch die Leitfähigkeit zustande kommt.

Halbmetalle Elemente, die sowohl metallische als auch nichtmetallische Eigenschaften haben, z. B. B, Si, Ar.

Hexagonales Gitter Bei dieser Metallgitterart bilden die Verbindungslinien benachbarter Gitterpunkte einen Körper mit sechseckiger Grund- und Deckfläche. In der Mitte dieser beiden Flächen befindet sich je ein weiterer Gitterpunkt.

Isolator Elektrotechnisches Bauteil, das den Stromfluss zwischen elektrischen Leitern verhindert. Zeitgleich dient es zur Stabilisierung der Leiter. Isolatoren bestehen aus Stoffen mit einer geringen elektrischen Leitfähigkeit.

Isomorphie Begriff aus der Kristallographie. Verschiedene Stoffe bilden Kristalle mit der gleichen molekularen Struktur.

Korrosion Allmähliche Zerstörung metallischer Werkstoffe durch chemische oder elektrochemische Einwirkung von außen.

Kubisch-flächenzentriertes Gitter Bei dieser Metallgitterart befinden sich die Atomrümpfe an den Ecken und in den sechs Flächenmitten eines Würfels.

Kubisch-raumzentriertes Gitter Bei dieser Metallgitterart besetzen die Atomrümpfe die Ecken und das Zentrum eines Würfels.

Legierung
Werkstoff, der aus zwei oder mehr Komponenten besteht, von denen mindestens eine ein Metall ist. Die Hauptkomponente ist das Grundmetall, die Nebenkomponenten sind die Zusätze. Die Eigenschaften einer Legierung unterscheiden sich häufig sehr stark von denen ihrer Komponenten.

Leichtmetalle
Metalle, deren Dichte unterhalb von $\varrho = 4{,}5\ g/cm^3$ liegt. Technisch besonders wichtig sind z.B. Al, Mg, Ti.

Messing
Legierung aus Kupfer und Zink.

Metalle
Elemente, die in den Hauptgruppen im Periodensystem vorwiegend links stehen und alle Nebengruppenelemente. Metalle können durch die Abgabe von schwach gebundenen Außenelektronen Edelgaskonfiguration annehmen.

Metalloxide
Ionisch aufgebaute Verbindungen aus Metallen und Sauerstoff, z.B. K_2O, CaO, reagieren mit Wasser zu Basen.

Modifikation
Bezeichnung für das Erscheinen von Substanzen mit identischer chemischer Zusammensetzung in verschiedenen festen Zustandsformen, die sich in ihren physikalischen und teilweise auch in ihren chemischen Eigenschaften unterscheiden.

Nichtmetalle
Elemente, die in den Hauptgruppen im Periodensystem überwiegend rechts stehen. Bilden meistens Anionen, gehen kovalente Bindungen ein und weisen eine geringe elektrische und thermische Leitfähigkeit auf. Es sind: H, C, N, O, P, S, die Halogene und die Edelgase.

Nichtmetalloxide
Kovalent aufgebaute Verbindungen aus Nichtmetallen und Sauerstoff, z.B. CO_2, N_2O_5, reagieren mit Wasser zu Säuren.

Oxide
Verbindungen von Elementen mit Sauerstoff, bei denen der Sauerstoff elektronegativer als die gebundenen Elemente ist.

Paramagnetismus
Form des Magnetismus, bei dem die Atome eines Stoffes ein magnetisches Moment ▷

besitzen. Elementarmagnete sind zunächst willkürlich ausgerichtet, werden aber durch ein äußeres Magnetfeld ausgerichtet und werden in das Magnetfeld hineingezogen, z. B. Aluminium.

Polymorphie

Bezeichnet die Eigenschaft von Verbindungen mit identischer chemischer Zusammensetzung je nach Bedingungen (Temperatur, Druck) in verschiedenen Erscheinungsformen vorzukommen, z. B. rotes und gelbes Blei(II)-oxid, oranges und graues Antimon(III)-oxid.

Quarzglas

Glas aus reinem Siliziumdioxid, also ohne Beimengung von z. B. Soda oder Calciumoxid wie bei gewöhnlichen Gläsern üblich.

Rost

Rost ist ein Korrosionsprodukt. Er entsteht beim Zusammenwirken von Eisen und Stahl mit Luftsauerstoff. Dabei muss eine Wassereinwirkung vorhanden sein. Dieser natürliche Vorgang kann durch einen wirksamen Korrosionsschutz begrenzt werden.

Schwermetalle

Metalle, deren Dichte oberhalb von $\varrho = 4{,}5\ g/cm^3$ liegt. Viele Schwermetalle, z. B. Pb, Hg, Cu, Cr oder Cd können als Metall oder chemisch gebunden stark toxisch sein.

Silane

Siliziumwasserstoffverbindungen mit der allgemeinen Formel Si_nH_{2n+2}.

Trockeneis

Trivialname für Kohlenstoffdioxid (CO_2) bei Atmosphärendruck, p = 1,013,25 bar, und der Temperatur, $\vartheta = -78{,}5\ °C$. Unter diesen Bedingungen geht CO_2 vom festen direkt in den gasförmigen Zustand über, es sublimiert.

Unedle Metalle

Metalle, die leicht Kationen bilden. Diese Metalle sind stark elektropositiv, z. B. Mg, Al, Na.

2.2 Herstellungsverfahren

Amalgamverfahren

Verfahren der Chloralkali-Elektrolyse, bei dem eine Graphit-Anode und eine Quecksilber-Katode Anwendung finden. Chlorgas wird an der Anode gebildet, Natrium wird an der Katode unter Bildung von Natriumamalgam abgeschieden. Abschließend wird das Amalgam mit Wasser gewaschen, es entsteht Natronlauge, Wasserstoff und reines Quecksilber, das der Elektrolyse wieder zugeführt werden kann.

Calcinieren

Hohes Erhitzen eines anorganischen Stoffes, um Kristallwasser zu entfernen oder den Carbonatrest abzuspalten.

Chloralkali-Elektrolyse

Technisches Verfahren zur Herstellung von Chlor, Alkalilauge und Wasserstoff aus Alkalichloriden durch Anlegen von elektrischem Strom.

Claus-Prozess

Großtechnisches Verfahren zur Herstellung von Schwefel aus Schwefelwasserstoff. Die zugrundeliegende Umsetzung erfolgt in zwei Schritten. Schwefelwasserstoff wird zunächst zu Schwefeldioxid und Wasser umgesetzt, $2\,H_2S + 3\,O_2 \rightarrow 2\,SO_2 + 2\,H_2O$, anschließend reagiert der restliche Schwefelwasserstoff mit dem entstandenen Schwefeldioxid katalysiert zu Schwefel und Wasser,
$2\,SO_2 + 4\,H_2S \rightarrow 6\,S + 4\,H_2O$.

Diaphragma

Poröse Membran, z. B. in Elektrolysezellen, um einen elektrischen Stromfluss zu gewährleisten, aber eine Vermischung zweier Flüssigkeiten zu verhindern.

Diaphragma-Verfahren

Verfahren der Chloralkali-Elektrolyse, bei dem durch ein Diaphragma verhindert wird, dass entstehendes Chlor mit den im Katodenraum entstehenden Hydroxid-Ionen reagieren kann. Das Diaphragma ist strom- und kationendurchlässig, sodass die Voraussetzungen der Elektrolyse erhalten bleiben.

Diskontinuierlicher Prozess Bei einem diskontinuierlichen Prozess wird nacheinander Edukt zugeführt, der Prozess durch- und danach das Produkt abgeführt.

Doppelkontaktverfahren Großtechnisches Verfahren zur Herstellung von Schwefelsäure. Die Herstellung erfolgt dabei in drei exothermen Schritten:
1. Gewinnung von Schwefeldioxid aus reinem Schwefel oder schwefelhaltigen Verbindungen, $S + O_2 \rightarrow SO_2$ oder $4\ FeS_2 + 11\ O_2 \rightarrow 2\ Fe_2O_3 + 8\ SO_2$.
2. Oxidation von Schwefeldioxid zu Schwefeltrioxid, $2\ SO_2 + O_2 \rightarrow 2\ SO_3$.
3. Umsetzung von Schwefeltrioxid zu Schwefelsäure, $SO_3 + H_2SO_4 \rightarrow H_2S_2O_7$, $H_2S_2O_7 + H_2O \rightarrow 2\ H_2SO_4$.

Entschwefelung Verfahren zur Entfernung von Schwefel aus Eisenschmelzen. Die dem Prozess zugesetzten Calciumverbindungen reagieren mit dem Schwefel zu Calciumsulfid und werden mit der Schlacke aus dem Prozess entfernt. Die Schlacke ist als Sondermüll zu entsorgen.

Fließbild Wird in der Chemietechnik als eine Darstellungsform von chemischen Produktionsvorgängen, in der nicht nur die Stoffe, sondern auch die zugehörigen Fließwege und die Verfahrensschritte angegeben sind, eingesetzt.

Haber-Bosch-Verfahren Großtechnisches Verfahren zur Herstellung von Ammoniak aus Stickstoff und Wasserstoff. $N_2 + 3\ H_2 \rightleftharpoons 2\ NH_3$

Hochofenprozess Großtechnisches Verfahren zur Erzeugung von Roheisen durch Reduktion von oxidischen Erzen mit Koks (Kohlenstoff). Über mehrere Raffinationsstufen wird anschließend aus Roheisen Stahl erzeugt.

Kontinuierlicher Prozess Bei einem kontinuierlichen Prozess ist der Eduktzulauf und der Produktablauf in der Produktionsanlage immer fortlaufend.

Linde-Verfahren, Luftverflüssigung Verfahren zur Verflüssigung von Luft. Dabei wird das sog. Gegenstromprinzip angewendet, bei dem jede abgekühlte Luftportion zur Vorkühlung der nachfolgenden, komprimierten Luftportion eingesetzt wird. Bei der ▷

Entspannung der vorgekühlten, komprimierten Luftportion wird so nach und nach die Temperatur bis zur Verflüssigung gesenkt.

Membranverfahren

Abgewandelter Prozess des Diaphragma-Verfahrens. Dabei wird anstelle des Diaphragmas eine Kunststoffmembran verwendet, die für Na^+-Ionen durchlässig, aber für Cl^-- und OH^--Ionen undurchlässig ist.

Ostwald-Verfahren

Großtechnisches Verfahren zur Herstellung von Salpetersäure. Hierbei wird Ammoniak mit überschüssiger Luft bei 600 ° C bis 700 °C katalytisch zu Stickstoffmonoxid verbrannt. Stickstoffmonoxid reagiert mit Sauerstoff weiter zu Stickstoffdioxid, das durch Reaktion mit Wasser zu Salpetersäure reagiert.

$4\ NH_3 + 5\ O_2 \rightarrow 4\ NO + 6\ H_2O$

$2\ NO + O_2 \rightarrow 2\ NO_2$

$4\ NO_2 + 2\ H_2O + O_2 \rightarrow 4\ HNO_3$.

Sintern

Erhitzen von Kristallen oder Metallspänen. Dadurch wird die Oberfläche von porösen Körpern verringert, wird von hohen Temperaturen und von langer Heizdauer begünstigt, z. B. Schmelzen von kristallinem Quarz zur Herstellung von Quarzglas.

Solvay-Verfahren

Verfahren zur Herstellung von Natriumcarbonat (Soda). Dabei wird Ammmoniumhydrogencarbonat und Natriumchlorid zu schwerlöslichem Natriumhydrogencarbonat und Ammoniumchlorid umgesetzt. Das Natriumhydrogencarbonat wird anschließend durch Glühen in Natriumcarbonat überführt.

$NH_4HCO_3 + NaCl \rightarrow NaHCO_3 + NH_4Cl$

$2\ NaHCO_3 \rightarrow Na_2CO_3 + H_2O + CO_2$

3 Organische Chemie

3.1 Funktionelle Gruppen und Strukturelemente

α-Kohlenstoffatom

Bezeichnung für das erste Kohlenstoffatom neben dem Kohlenstoffatom einer funktionellen Gruppe.

π-Bindung

Eine kovalente Zweielektronenbindung, bei der sich die Elektronen oberhalb und unterhalb der Kern-Kern-Achse befinden. Mehrfachbindungen mit π-Bindungsanteil sind nicht frei drehbar.

σ-Bindung

Eine frei drehbare kovalente Zweielektronenbindung, bei der die Elektronenverteilung rotationssymmetrisch in Bezug auf die Verbindungsachse der beiden Kerne ist.

Acetylgruppe

Spezielle Form einer Acylgruppe, setzt sich aus einer Carbonyl- und einer Methylgruppe zusammen, leitet sich von der Essigsäure ab.

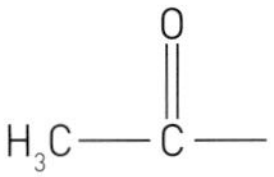

Acylgruppe

Einwertiger Rest, der formal dadurch entsteht, dass die OH-Gruppe aus der Carboxylgruppe der Carbonsäuren oder dass ein Wasserstoffatom aus der funktionellen Gruppe bei Aldehyden abgespalten wird, allgemeine Formel:

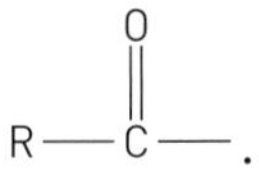

Alkylrest

Einwertiger Rest von aliphatischen, gesättigten Kohlenwasserstoffen, z. B. Methyl, H_3C–.

Arylrest

Einwertiger Rest von Aromaten, der formal durch die Abspaltung von einem Wasserstoffatom entsteht, z. B. Phenyl, C_6H_5–.

Asymmetrisches Kohlenstoffatom, Chiralitätszentrum

Kohlenstoffatom mit vier verschiedenen Substituenten, Zentrum der optischen Aktivität.

Betainstruktur

Oberbegriff für Strukturmerkmale zwitterionischer Verbindungen, bei denen Protonendonatoren und -akzeptoren in einem Molekül gleichzeitig vorliegen. Typische Beispiele sind Aminosäuren, in denen am isoelektrischen Punkt innere Salze gebildet werden und hierbei die Carboxylgruppe Protonendonator und das Stickstoffatom Protonenakzeptor ist.

Carbonylgruppe

Bestandteil vieler organischer Verbindungen. Besteht aus einem Kohlenstoffatom, das doppelt an ein Sauerstoffatom gebunden ist und zwei freie Valenzen trägt, funktionelle Gruppe in Aldehyden und Ketonen.

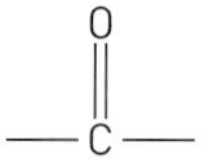

Carboxylgruppe

Funktionelle Gruppe der Carbonsäuren, die sich aus einer Carbonyl- und einer Hydroxyl-Gruppe zusammensetzt.

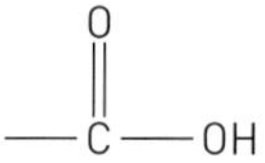

cis-trans-Isomerie, *E/Z*-Isomerie

Eine Konstitutionsisomerie, bei der sich die Isomere in der Anordnung der Substituenten um eine Doppelbindung unterscheiden. Bei cis-(*E*)Isomeren liegen die zwei Substituenten so nahe wie möglich beieinander, bei trans-(*Z*)Isomeren so weit wie möglich auseinander. Cis-trans(*E*/*Z*)-Isomerie tritt auf, wenn jeweils die beiden Substituenten der an der Doppelbindung beteiligten Kohlenstoffatome unterschiedlich sind.

Diastereoisomere

Moleküle, die zwar stereoisomer sind, sich jedoch nicht wie Bild und Spiegelbild verhalten, haben unterschiedliche chemische und physikalische Eigenschaften.

Enantiomere, Optische Antipoden

Moleküle, die sich wie Bild und Spiegelbild verhalten, sind optisch aktiv.

Funktionelle Gruppe

Atomgruppe, insbesondere in organischen Verbindungen, die das Reaktionsverhalten und die Stoffeigenschaften dieser Verbindungen ▷

	maßgeblich bestimmt. Verbindungen mit gleicher funktioneller Gruppe werden zu Stoffklassen zusammengefasst.
Gerüstformel	Bei dieser Formelschreibweise organischer Verbindungen werden die an Kohlenstoffatome gebundenen Wasserstoffatome vernachlässigt.
Helix	Spiralförmige Molekülstruktur.
Homologe Reihe	Eine Reihe gleichartiger organischer Verbindungen, bei denen sich zwei aufeinanderfolgende Glieder durch eine CH_2-Gruppe unterscheiden.
Hydroxyl-Gruppe, Hydroxy-Gruppe	Bezeichnung für die OH-Gruppe in organischen Verbindungen.
Isolierte Doppelbindung	Bezeichnung für Polyenstrukturen, in denen Doppelbindungen zwischen zwei Kohlenstoffatomen durch mindestens zwei aufeinanderfolgende Einfachbindungen voneinander getrennt sind.
Isomere	Verbindungen mit gleicher Summenformel, aber unterschiedlicher Strukturformel, deshalb haben sie unterschiedliche chemische und physikalische Eigenschaften.
Isomerisierung	Vorgang der Umwandlung eines Moleküls in eines seiner Isomere.
IUPAC	International Union of Pure and Applied Chemistry, Vereinigung, die unter anderem Vorgaben für die Nomenklatur von Strukturformeln festlegt.
Konfiguration	Die räumliche Anordnung von Atomen oder Atomgruppen innerhalb eines Moleküls bzw. der räumliche Bau eines Moleküls.
Konjugierte Doppelbindung	Bezeichnung für Polyenstrukturen, in denen Doppelbindungen zwischen zwei Kohlenstoffatomen immer durch eine Einfachbindung voneinander getrennt sind.
Kumulierte Doppelbindung	Bezeichnung für Polyenstrukturen, in denen mindestens zwei Doppelbindungen zwischen zwei Kohlenstoffatomen direkt aufeinanderfolgen.

Monomer	Einzelnes Molekül eines Stoffes. Grundbaustein für die Bildung von Polymeren.
Nomenklatur	Benennung von chemischen Verbindungen nach vorgegebenen Regeln, z. B. IUPAC.
Polymer, Makromolekül	Hochmolekulare Verbindung, die bei der Reaktion von vielen gleichen oder gleichartigen Monomeren entsteht.
Primäres Kohlenstoffatom	Kohlenstoffatom, an das ein oder kein weiteres Kohlenstoffatom gebunden ist.
Quartäres Kohlenstoffatom	Kohlenstoffatom, an das vier weitere Kohlenstoffatome gebunden sind.
Racemat	1:1-Mischung aus Enantiomeren, in der sich die optischen Aktivitäten gegenseitig aufheben. Der Drehwinkel von Racematen ist daher 0°.
Rationelle Formel, Konstitutionsformel	Form der chemischen Formel, die nicht nur Auskunft über die Atome und deren Anzahl gibt, sondern insbesondere die Gruppierung der Atome im Molekül darstellt, z. B. Ethansäureethylester: Summenformel $C_4H_8O_2$, rationelle Formel $CH_3COOC_2H_5$.
Ringspannung	Tritt in cyclischen, organischen Molekülen auf, wenn der Bindungswinkel zwischen den Kohlenstoffatomen nicht dem Winkel der Kohlenstoff-Hybridisierung entspricht.
Seitenkette	Eine kurze Kette miteinander verbundener Kohlenstoffatome, die mit einem Kohlenstoffatom verbunden ist, das mit zwei weiteren Kohlenstoffatomen in einer längeren Kohlenstoffkette verbunden ist.
Sekundäres Kohlenstoffatom	Kohlenstoffatom, an das zwei weitere Kohlenstoffatome gebunden sind.
Stereochemie	Teilbereich der Chemie, in dem der dreidimensionale Aufbau von Molekülen bzw. der dreidimensionale Ablauf von Reaktionen im Mittelpunkt der Betrachtung steht. Moleküle gleicher Summenformel, aber unterschiedlicher Anordnung der Atome können unterschiedliche Reaktionsmechanismen eingehen.

Stereoisomerie
Liegt bei Isomeren vor, die grundsätzlich die gleiche Struktur- und Summenformel besitzen, sich jedoch durch die räumliche Anordnung der Atome unterscheiden. Ein Spezialfall sind die Enantiomere.

Strichformel, Skelettformel
Formelschreibweise organischer Verbindungen, bei der weder die Kohlenstoffatome noch die Wasserstoffatome, jedoch alle anderen gebundenen Elemente geschrieben werden. Die Eck- und die Knickpunkte stellen die Kohlenstoffatome da.
Beipiel: Ethanol  OH

Substituent
Atom oder Molekül, das anstelle eines anderen Atoms oder eines anderen Moleküls in eine Verbindung eingefügt wird.

Tautomerie
Protonenwanderung in einem Molekül unter gleichzeitiger Verschiebung einer Doppelbindung.

Tertiäres Kohlenstoffatom
Kohlenstoffatom, an das drei weitere Kohlenstoffatome gebunden sind.

Vicinal
Kennzeichnung für kettenförmige Verbindungen, bei denen die Substituenten (funktionelle Gruppen) an zwei benachbarte Kohlenstoffatome gebunden sind oder für Trisubstitutionsprodukte des Benzols, bei denen sich die Substituenten (funktionelle Gruppen) in benachbarter (1, 2, 3)-Stellung befinden.

Vinylgruppe
Einwertiger Rest vom Ethen, den man in organischen Verbindungen findet. $-CH=CH_2$

3.2 Stoffklassen

Acetale

Organische Verbindungen, die aus Aldehyden durch zweimalige Umsetzung mit Alkoholen im sauren Medium entstehen, Diether. Allgemeine Formel:

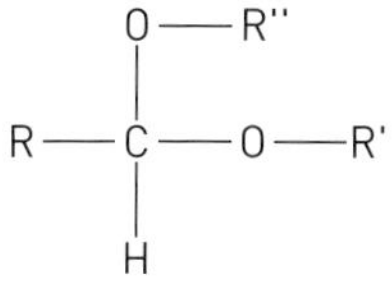

Aldehyde, Alkanale

Organische Verbindungen mit der funktionellen Gruppe

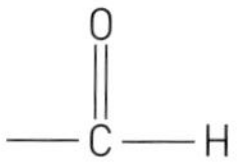

Aldehydhydrazone

Organische Verbindungen, die durch Umsetzung von Aldehyden mit Hydrazin, $H_2N\text{-}NH_2$, unter Wasserabspaltung entstehen. Allgemeine Formel:

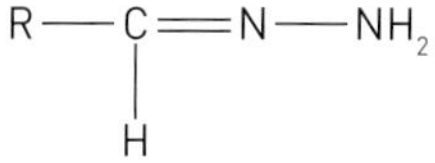

Aldole

Organische Verbindungen, die als funktionelle Gruppen eine Aldehydgruppe und eine Hydroxylgruppe enthalten.

Aldosen

Monosaccharide mit einer Aldehydgruppe im Molekül. Diese befindet sich an einem endständigen Kohlenstoffatom in ihrer Kohlenstoffkette, z. B. Glucose.

Aldoxime

Organische Verbindungen, die durch Umsetzung von Aldehyden mit Hydroxylamin, H_2NOH, unter Wasserabspaltung entstehen. Allgemeine Formel:

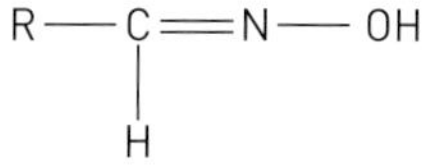

Alkaloide

Stickstoffhaltige, heterocyclische Basen, die als Salze organischer Säuren, z. B. Oxal- oder Weinsäure, in bestimmten Pflanzen ▷

vorkommen. Sie rufen bei Mensch und Tier meist starke physiologische Wirkung hervor und werden daher als Heil-, Genuss- oder Rauschmittel eingesetzt. Bekannte Vertreter sind Nicotin, Koffein, Morphin.

Alkane
Paraffine
Kohlenwasserstoffverbindungen mit der allgemeinen Formel C_nH_{2n+2}, z. B. Ethan, C_2H_6.

Alkene
Olefine
Kohlenwasserstoffverbindungen mit der allgemeinen Formel C_nH_{2n}, z. B. Ethen, C_2H_4.

Alkine
Kohlenwasserstoffverbindungen mit der allgemeinen Formel C_nH_{2n-2}, z .B. Ethin, C_2H_2.

Alkoholate
Salze von Alkoholen, dabei wird das Wasserstoffatom der Hydroxylgruppe in Alkoholen durch ein Metallkation ersetzt, z. B. Natriummethanolat, $CH_3O^- Na^+$.

Alkohole
Organische Verbindungen mit der allgemeinen Formel $C_nH_{2n+1}OH$, z. B. Methanol, CH_3OH. Die funktionelle Gruppe ist die Hydroxylgruppe (-OH).

Amide
Organische Verbindungen, die sich entweder als Carbonsäurederivate, in denen die OH-Gruppe der Carboxylgruppe durch eine NH_2-Gruppe ersetzt ist, oder als Derivate vom Ammoniak, in dem ein Wasserstoffatom durch einen Acylrest substituiert ist, erklären lassen.

Amine
Verbindungen, die durch Ersatz der Wasserstoffatome im Ammoniak durch Alkyl- oder Arylreste entstehen. Es wird zwischen primären, sekundären und tertiären Aminen unterschieden, je nachdem, ob ein, zwei oder drei Wasserstoffatome substituiert sind.

Aminosäuren
Organische Verbindungen, die als funktionelle Gruppen die Amino- und die Carboxylgruppe enthalten.

Arene
Organische Verbindungen, die das cyclische Molekülgerüst des Benzols aufweisen.

Aromaten
Planare, ringförmige Kohlenwasserstoffe mit konjugierten Doppelbindungen, wobei alle Kohlenstoffatome sp^2 hybridisiert sind. Die ▷

Anzahl an π-Elektronen muss der Hückel-Regel (4n + 2) genügen. Einzelne Kohlenstoffatome im Ring können durch Heteroatome (z. B. S, N oder O) ersetzt werden.

Azo-Farbstoffe
Organische, farbige Verbindungen, in der die Azogruppe -N=N- vorkommt. Die Azogruppe entsteht durch die Kupplungsreaktion meist zwischen zwei aromatischen Systemen, wodurch das konjugierte Elektronensystem stark vergrößert wird und die Moleküle dadurch farbig erscheinen.

Carbonsäurederivate
Oberbegriff für alle organischen Verbindungen, die eine Carbonsäure über die funktionelle Carboxylgruppe eingeht, z. B. Carbonsäureester, Carbonsäureamide, Carbonsäurechloride.

Carbonsäuren
Organische Verbindungen mit der Carboyxlgruppe als funktionelle Gruppe im Molekül. Allgemeine Formel:

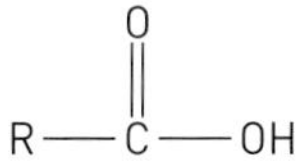

Carbonylverbindungen
Oberbegriff für alle organischen Verbindungen, die die funktionelle Carbonylgruppe besitzen, z. B. Alkanone, Alkanale.

Derivat
Abkömmling einer Stammverbindung.

Dimer
Molekül, das aus zwei, oft auch identischen Monomeren besteht.

Dreiwertige Alkohole, Triole
Alkohol mit drei Hydroxylgruppen im Molekül, z. B. Propantriol, $HOCH_2CH(OH)CH_2OH$.

Duroplaste
Kunststoffe, die aus dreidimensional vernetzten Makromolekülen bestehen. Bei Zimmertemperatur harte und spröde Kunststoffe, die nach ihrer Aushärtung nicht mehr verformbar sind.

Einwertige Alkohole
Alkohole mit einer Hydroxylgruppe im Molekül, z. B. Methanol, CH_3OH.

Eiweiße, Proteine
Makromoleküle, die aus Aminosäure-Einheiten aufgebaut sind.

Ester
Verbindungen, die unter Wasserabspaltung bei der Reaktion von Alkoholen mit einer organischen oder anorganischen Säure entstehen.

Esterbindung
Bindungsart in organischen Molekülen mit der Struktur

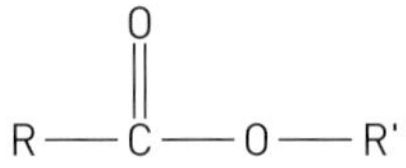

Esterzahl
Kennzahl für Fette und Öle, die angibt, wie viel Milligramm Kaliumhydroxid zur Verseifung der in einem Gramm Substanz vorhandenen Esterbindungen benötigt werden. Ergibt sich aus der Differenz zwischen Verseifungs- und Säurezahl.

Ether
Organische Verbindungen mit der funktionellen Gruppe R-O-R' (R, R' = organische Reste). Es wird zwischen symmetrischen (R = R') und unsymmetrischen Ethern (R ≠ R') unterschieden.

Fettalkohole
Langkettige primäre Alkohole mit einer Kettenlänge von sechs bis zu zweiundzwanzig Kohlenstoffatomen. Sie entstehen meistens durch Überführung der Carboxylgruppe von Fettsäuren in die für Alkohole typische Hydroxylgruppe.

Fette, Triglyceride
Ein Glycerin-Molekül ist mit drei (verschiedenen) Fettsäuren jeweils über die Hydroxylgruppe verbunden. Fette bilden eine Untergruppe der festen Lipide.

Fettsäureester
Verbindung aus einer Fettsäure und einem Alkohol.

Fettsäuren
Gruppenbezeichnung für Monocarbonsäuren, die in natürlichen Fetten vorkommen. Sie unterscheiden sich in der Länge der Kohlenwasserstoffkette und der Anzahl und Position von Doppelbindungen und gegebenenfalls anderen funktionellen Gruppen in der Kette. Durch die Ab- oder Anwesenheit von Doppelbindungen unterscheidet man gesättigte und ungesättigte Fettsäuren. Die einfachste Fettsäure (vier C-Atome) ist die Buttersäure (Butansäure). Die Na- oder K-Salze der Fettsäuren nennt man Seifen.

Grignard-Verbindungen, Grignard-Reagenz
Feste, reaktionsfähige metallorganische Substanzen, die gelöst in Ether oder Tetrahydrofuran zur Reaktion gebracht werden. Ihre allgemeine Formel lautet R-Mg-X, wobei R für einen Alkylrest oder für einen aromatischen Rest und X für die Halogene Chlor, Brom oder Iod steht. Werden zur Durchführung von Grignard-Reaktionen benötigt.

Halbacetale
Organische Verbindungen, die aus Aldehyden durch einmalige Umsetzung mit Alkoholen entstehen, Hydroxyether. Allgemeine Formel:

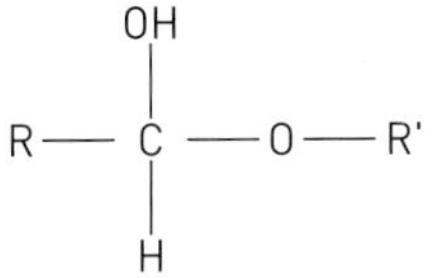

Halbketale
Organische Verbindungen, die aus Ketonen durch einmalige Umsetzung mit Alkoholen entstehen, Hydroxyether. Allgemeine Formel:

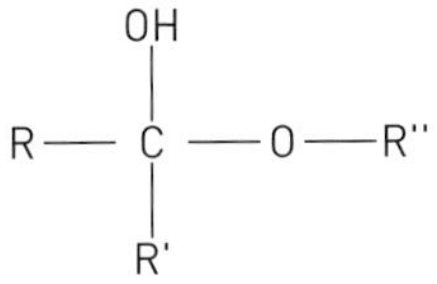

Heterocyclen
Organische, ringförmige Verbindungen, die außer Kohlenstoff noch andere chemische Elemente als Ringglieder enthalten, z. B. O, N, S.

Hückel-Regel
Besagt, dass sich konjugierte cyclische Kohlenwasserstoffverbindungen mit (4n + 2) π-Elektronen (n = Anzahl der Ringe) durch besondere Stabilität auszeichnen. Erfüllt eine Verbindung diese Regel, handelt es sich um einen Aromaten, z. B. n = 1 bedeutet 6 π-Elektronen (Benzol).

Imine
Aldehyde oder Ketone, bei denen das Sauerstoffatom der Aldehyd- oder Ketogruppe durch ein Stickstoffatom ersetzt ist, an dem zusätzlich ein Wasserstoffatom oder ein organischer Rest (Schiffsche Base) gebunden ist.

Iodzahl

Kennzahl für Fette und Öle, ist ein Maß für den Anteil an ungesättigten Fettsäuren. Sie gibt an, wie viel Gramm Iod zur Absättigung der freien Doppelbindungen von 100 Gramm Substanz benötigt werden.

Ketale

Organische Verbindungen, die aus Ketonen durch zweimalige Umsetzung mit Alkoholen im sauren Medium entstehen, Diether. Allgemeine Formel:

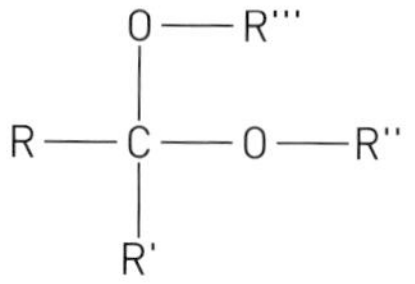

Ketone, Alkanone

Organische Verbindungen mit zwei organischen Resten und der Carbonylgruppe als funktionelle Gruppe. Allgemeine Formel:

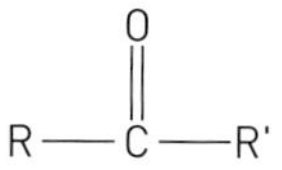

Ketonhydrazone

Organische Verbindungen, die durch Umsetzung von Ketonen mit Hydrazin, $H_2N\text{-}NH_2$, unter Wasserabspaltung entstehen. Allgemeine Formel:

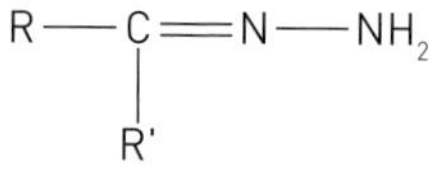

Ketosen

Monosaccharide mit einer Carbonylgruppe an einem nicht endständigen Kohlenstoffatom in ihrer Kohlenstoffkette, z. B. Fructose.

Ketoxime

Organische Verbindungen, die durch Umsetzung von Ketonen mit Hydroxylamin, H_2NOH, unter Wasserabspaltung entstehen. Allgemeine Formel:

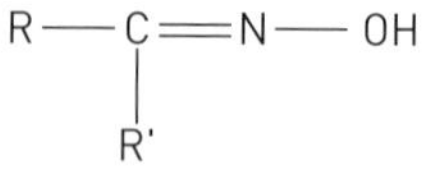

Koagulation
Ausflockung von gelösten oder suspendierten Substanzen, z. B. durch Zusatz von Elektrolyten oder durch Zusatz von entgegengesetzt geladen Ionen oder durch Erhitzen.

Kohlenhydrate
Verbindungen, bei denen Kohlenstoff, Wasserstoff und Sauerstoff im Verhältnis 1:2:1 gebunden sind. Die allgemeine Summenformel lautet $C_nH_{2n}O_n$ oder $C_n(H_2O)_n$.

Lipide
Sammelbezeichnung für ganz oder teilweise hydrophobe Naturstoffe, bei denen man in Summe keine strukturellen Gemeinsamkeiten finden kann. Lipide lassen sich vorwiegend auf zwei Arten klassifizieren:

- nach dem Merkmal „Acylrest", wonach man einfache, nicht verseifbare Lipide von Acyllipiden unterscheiden kann oder
- nach dem Merkmal „neutral-polar", wonach man neutrale von polaren (amphiphilen) Lipiden unterscheiden kann.

Lipoide
Fettähnliche, wasserunlösliche Stoffe, z. B. Lecithine, Sterine.

Mehrwertige Alkohole
Alkohole mit mehr als einer Hydroxylgruppe im Molekül.

Monosaccharide, Einfachzucker
Organische Verbindungen mit einer Kette aus mindestens drei Kohlenstoffatomen, besitzen immer eine Carbonyl- und mindestens eine Hydroxylgruppe, allgemeine Summenformel $C_nH_{2n}O_n$. Nach Position der Carbonylgruppe (Aldehyd oder Keton) unterscheidet man Aldosen oder Ketosen, nach der Länge der Kohlenstoffkette z. B. Triosen, Tetrosen, Pentosen. Monosaccharide sind Bausteine der Kohlenhydrate, z. B. Glucose, Fructose.

Nitrile
Organische Verbindungen mit der funktionellen Gruppe $-C{\equiv}N$.

Nitroverbindungen
Organische Verbindungen mit der funktionellen Gruppe $-NO_2$.

Öle
Flüssige Fette. Triglyceride, in denen die Kohlenwasserstoffketten vorwiegend ungesättigt sind.

Polyen — Kohlenwasserstoff mit mindestens zwei Doppelbindungen zwischen den Kohlenstoffatomen, z. B. Dien, Trien.

Polysaccharide — Unterklasse der Kohlenhydrate, deren Moleküle aus mehreren miteinander verbundenen Monosaccharid-Einheiten aufgebaut sind.

Primäre Alkohole — Alkohole, bei denen die Hydroxylgruppe an ein primäres Kohlenstoffatom gebunden ist, z. B. Methanol.

Primäre Amine — Verbindungen, bei denen ein Wasserstoffatom von Ammoniak durch einen Alkyl- oder Arylrest ersetzt ist, z. B. Methylamin, CH_3NH_2.

Säurezahl — Kennzahl für Fette und Öle, die angibt, wie viel Milligramm Kaliumhydroxid zur Erfassung der in einem Gramm Substanz enthaltenen sauren Strukturen benötigt werden.

Schiffsche Base — Sonderform eines Imins, bei der ein organischer Rest am Stickstoff-Atom gebunden ist.

Sekundäre Alkohole — Alkohole, bei denen die Hydroxylgruppe an ein sekundäres Kohlenstoffatom gebunden ist, z. B. Propan-2-ol.

Sekundäre Amine — Verbindungen, bei denen zwei Wasserstoffatome von Ammoniak durch Alkyl- oder Arylreste ersetzt sind, z. B. Dimethylamin, $(CH_3)_2NH$.

Sesselform — Konformation einiger Sechsring-Verbindungen, z. B. Cyclohexan, Hexosen, in der die zeichnerische Darstellung einem Sessel ähnelt. In dieser Konformation werden die Tetraederwinkel der sp^3-Hybridisierung der C-Atome spannungsfrei gewahrt. Eine andere stabile Konformation dieser Verbindungen ist die Wannenform, in die die Sesselform leicht übergehen kann. Eine Isolierung der beiden Konformationen ist daher nicht möglich.

Silicone — Synthetische Verbindungen aus Siliciumatomen und Sauerstoffatomen, wobei zwei Valenzen der Siliciumatome mit organischen Resten gesättigt sind.

Tertiäre Alkohole
Alkohole, bei denen die Hydroxylgruppe an ein tertiäres Kohlenstoffatom gebunden ist, z. B. 2-Methylpropan-2-ol.

Tertiäre Amine
Verbindungen, bei denen alle drei Wasserstoffatome von Ammoniak durch Alkyl- oder Arylreste ersetzt sind, z. B. Trimethylamin, $(CH_3)_3N$.

Thermoplaste
Kunststoffe, die beim Erwärmen weich werden, dann verformbar sind und diese Form auch nach dem Abkühlen beibehalten, z. B. Polystyrol und Polyvinylchlorid. Der Vorgang ist reversibel, d. h. Thermoplaste können im Gegensatz zu Duroplasten in einen schmelzflüssigen Zustand zurückversetzt werden.

Verseifungszahl
Kennzahl für Fette und Öle, die angibt, wie viel Milligramm Kaliumhydroxid zur Erfassung der sauren Strukturen und zur Verseifung der Ester von einem Gramm Substanz benötigt werden.

Wachsalkohole
Langkettige primäre Alkohole mit einer Kettenlänge von vierundzwanzig bis zu sechsunddreißig Kohlenstoffatomen, die in gebundener Form als Carbonsäureester in natürlichen Wachsen vorkommen.

Wannenform
Konformation einiger Sechsring-Verbindungen, z. B. Cyclohexan, Hexosen, in der die zeichnerische Darstellung einer Wanne ähnelt. Ebenso wie in der etwas stabileren Sesselform werden hier die Tetraederwinkel der sp^3-Hybridisierung der C-Atome gewahrt.

Zweiwertige Alkohole, Diole
Alkohole mit zwei Hydroxylgruppen im Molekül, z. B. Ethandiol, $HOCH_2CH_2OH$.

3.3 Reaktionsarten und Reaktionsmechanismen

Acetylierung
Chemische Reaktion, bei der eine Acetylgruppe in ein Molekül eingefügt wird.

Acetylierungsmittel
Verbindung, aus der eine Acetylgruppe abgespalten werden kann, die in den Reaktionspartner eingefügt wird, z. B. Essigsäureanhydrid, Acetylchlorid.

Acylierung
Chemische Reaktion, bei der eine Acylgruppe in ein Molekül eingefügt wird.

Additionsreaktion
Chemische Umsetzung, bei der mindestens zwei Moleküle zu einem Molekül durch Anlagerung an eine Mehrfachbindung eines der Moleküle vereinigt werden.

Aldol-Reaktion
Chemische Umsetzung, bei der Aldehyde mit einer zur Carbonylgruppe α-ständigen Methyl- oder Methylengruppe unter Säuren- oder Basenkatalyse zu β-Hydroxyaldehyden (Aldolen) dimerisieren.

Alkylierung
Chemische Reaktion, bei der ein Alkylrest in eine organische Verbindung durch eine Substitutions- oder Additionsreaktion eingeführt wird.

Azokupplung
Elektrophile, aromatische Substitutionsreaktion, bei der Aryldiazoniumsalze mit Aromaten umgesetzt werden, die bereits einen Erstsubstituenten tragen, der sich durch einen +M-Effekt auszeichnet. Erst dadurch wird die Reaktion aktiviert. Die Kupplung erfolgt durch den +M-Effekt fast ausnahmslos in para-Stellung. Die allgemeine Reaktionsgleichung lautet: $Ar{-}N{\equiv}N^{+}\,X^{-} + H{-}Ar' \rightarrow Ar{-}N{=}N{-}Ar' + HX$, (Ar = Arylrest).

Azotierung
Chemische Reaktion, bei der ein Reaktionspartner Stickstoff aufnimmt.

Carbeniumion
Positiv geladenes Kohlenstoffatom in einer organischen Verbindung.

Carbonylierung
Reaktion, bei der eine Carbonylgruppe an eine chemische Verbindung angelagert wird oder Teile der Verbindung durch die Carbonylgruppe substituiert werden.

Chlorierung
Reaktion vorwiegend organischer Verbindungen, bei der mindestens eine Bindung mit einem Chlor-Atom eingegangen wird.

Cracken
Vorgang, bei dem Schweröle durch chemische Verfahren bei der Erdölverarbeitung in Leichtöle, z. B. Benzin, Diesel, umgewandelt werden.

Cyclisierung
Reaktion, bei der kettenförmige Moleküle in ringförmige Moleküle umgewandelt werden, z. B. Pentan zu Cyclopentan.

Dehydratisierung
Abspaltung von Wasser aus einer chemischen Verbindung.

Dehydrierung
Abspaltung von Wasserstoff (H_2) aus einer chemischen Verbindung.

Dehydrohalogenierung
Abspaltung von Halogenwasserstoffen (HX, X = Halogen) aus Halogenalkanen, dabei entstehen Alkene.

Derivatisierung
Bildung einer chemischen Verbindung, die aus einer anderen durch Substitution von Atomen dargestellt werden kann.

Diazotierung
Reaktion von aromatischen Aminen mit Salpetriger Säure zu Aryldiazoniumsalzen. Die allgemeine Gleichung dieser Reaktion lautet: $Ar\text{-}NH_2 + HNO_2 + HX \rightarrow [Ar\text{-}N_2]^+X^- + 2\ H_2O$. Die Aryldiazoniumsalze sind reaktive Verbindungen, die zur Herstellung von Azofarbstoffen eingesetzt werden.

Elektrophil
Positiv geladenes oder neutrales Teilchen, das negative Ladungen anzieht, „elektronenliebend".

Elektrophile Addition
Reaktionsmechanismus aus der organischen Chemie, bei dem im ersten Schritt ein Elektrophil an die ungesättigte Position einer Kohlenwasserstoffkette addiert wird. Im zweiten Schritt erfolgt dann die Addition eines Nukleophils an ein positiv geladenes Kohlenstoffatom.

Elektrophile Substitution
Reaktionsmechanismus, bei dem ein Atom oder eine Atomgruppe durch ein elektronenliebendes Teilchen ersetzt wird.

Eliminierung
Reaktion, bei der Atome oder Atomgruppen aus Molekülen abgespalten werden. Dabei entstehen Moleküle mit Mehrfachbindungen oder es erfolgt ein Ringschluss.

Erlenmeyerregel
Besagt, dass Verbindungen, die zwei am gleichen Kohlenstoffatom gebundene Hydroxylgruppen enthalten, im Allgemeinen unbeständig sind und unter Wasserabspaltung zu einer Carbonylverbindung weiterreagieren.

Esterbildung, Veresterung
Gleichgewichtsreaktion zwischen einer Säure und einem Alkohol. Die Säure kann eine Carbonsäure oder eine anorganische Säure sein. Reaktionsprodukt ist ein Ester.

Esterhydrolyse, Esterspaltung
Rückreaktion der Veresterung. Wasser reagiert mit dem Ester in einer Gleichgewichtsreaktion zu Säure und Alkohol.

Halogenierung
Reaktion, bei der Wasserstoffatome in einer organischen Verbindung durch Halogene ausgetauscht oder Halogene an C-C-Doppelbindungen addiert werden.

Hydrierung
Addition von Wasserstoff an ungesättigte Bindungen in Molekülen.

Hydrohalogenierung
Addition von Halogenwasserstoffen an C-C-Doppelbindungen.

Hydrolyse
Aufspaltung von Verbindungen durch die Reaktion mit Wasser.

Induktiver Effekt
Bezeichnung für den elektronenschiebenden (+I) bzw. den elektronenziehenden Effekt (-I) von Atomen oder Molekülgruppen innerhalb einer chemischen Verbindung. Bezugsgröße ist der Elektronegativitätswert von Wasserstoff (EN-Wert = 2,2). Ist der EN-Wert des Atoms oder des Moleküls größer, so liegt ein -I-Effekt vor, ist er kleiner, handelt es sich um einen +I-Effekt. Der I-Effekt wirkt sich nur auf das α-Kohlenstoffatom stark aus. Mit steigender Entfernung des Atoms oder des Moleküls vom α-C-Atom nimmt der I-Effekt deutlich ab.

Intermolekulare Wasserabspaltung
Vorgang, bei dem aus zwei identischen oder unterschiedlichen Molekülen ein Wassermolekül abgespalten wird.

Intramolekulare Wasserabspaltung
Vorgang, bei dem aus einem Molekül ein Wassermolekül abgespalten wird.

Keto-Enol-Tautomerie
Wechselnder Übergang einer Carbonylverbindung in die Enolstruktur, bei der am C_1-Atom eine Hydroxylgruppe gebunden und zwischen dem C_1-Atom und dem C_2-Atom eine Doppelbindung ausgebildet ist.

Kettenreaktion

Bezogen auf die organische Chemie tritt dieser Reaktionstyp vorwiegend durch Bildung von Radikalen als Initialreaktion auf. Durch Reaktion mit neutralen Molekülen werden weitere Radikale gebildet, die die Reaktion kontinuierlich fortführen. Vorwiegend bei Polymerisationen oder radikalischen Substitutionen.

KKK-Regel

„Kälte-Katalysator-Kern"-Regel. In der Kälte (Zimmertemperatur) und unter Einsatz eines Katalysators findet eine Substitution am Kern eines Aromaten statt.

Kondensationsreaktion

Reaktion zweier Moleküle unter Abspaltung einfacher Moleküle wie z. B. Wasser.

Lipolyse, Fettspaltung

Spaltung eines Fetts in Glycerin und die freien Fettsäuren. Bei biochemischen Vorgängen wird die Spaltung durch das Enzym Lipase aktiviert.

Markownikow-Regel

Besagt, dass wenn ein Halogenwasserstoff an einer Doppelbindung zwischen zwei Kohlenstoffatomen angreift, das Wasserstoffatom an das wasserstoffreichere Kohlenstoffatom der Doppelbindung gebunden wird.

Mehrstufensynthese

Synthese mit mehreren Verfahrensschritten, bei denen isolierbare Zwischenverbindungen entstehen.

Mesomerer Effekt

Effekt, bei dem die Elektronen des Ringsystems eines Aromaten in Wechselwirkung mit den Substituenten des Rings treten, dabei findet eine Elektronenverschiebung statt. Substituenten mit einem +M-Effekt besitzen ein freies Elektronenpaar, erhöhen die Elektronendichte im Ring und erleichtern den elektrophilen Angriff eines Zweitsubstituenten. Substituenten mit einem -M-Effekt können Elektronen, die sie aus dem Ring ziehen, aufnehmen und erschweren den elektrophilen Angriff des Zweitsubstituenten, da sie die Elektronendichte im Ring erniedrigen.

Mesomerie

Zustand, durch den sich die Elektronenverteilung von bestimmten Molekülen nicht exakt durch nur eine Strukturformel angeben lässt. Bei solchen Molekülen wird der Bindungszustand durch mehrere Strukturformeln, die durch Mesomeriepfeile (↔) gekennzeichnet sind, angedeutet. Der von den Elektronen eingenommene mesomere Zwischenzustand im Molekül ist energieärmer als jeder formulierte, aber nicht realisierbare Grenzzustand.

Meta-Stellung, m-Stellung

Bezeichnung für den Zustand, bei dem am Benzolring zwei Substituenten an zwei Kohlenstoffatomen, die durch ein Kohlenstoffatom voneinander getrennt sind, gebunden sind. Wird auch als 1,3-Stellung bezeichnet.

Nitrierung

Einführung einer Nitrogruppe, $-NO_2$, durch Reaktion mit einem Gemisch aus konz. Salpetersäure und konz. Schwefelsäure in eine organische Verbindung. Als Reaktionsprodukte entstehen Nitroverbindungen, $R-NO_2$.

Nukleophil

Negativ geladenes oder neutrales Teilchen, das positive Ladungen anzieht, „kernliebend".

Nukleophile Substitution

Reaktionsmechanismus, bei dem ein Atom oder eine Atomgruppe durch ein kernliebendes Teilchen ersetzt wird.

Ortho-Stellung, o-Stellung

Bezeichnung für den Zustand, bei dem am Benzolring zwei Substituenten an zwei nebeneinander liegenden Kohlenstoffatomen gebunden sind, wird auch als 1,2-Stellung bezeichnet.

Para-Stellung, p-Stellung

Bezeichnung für den Zustand, bei dem am Benzolring zwei Substituenten an zwei gegenüberliegenden Kohlenstoffatomen gebunden sind, wird auch als 1,4-Stellung bezeichnet.

Polyaddition

Form der Polymerbildung, die nach dem Mechanismus der nukleophilen Addition verläuft. Dabei werden verschiedenartige Monomere mit mindestens zwei funktionellen Gruppen unter Austausch von Protonen zu Makro- und Polymolekülen umgesetzt. Es entstehen keine niedermolekularen Nebenprodukte.

Polykondensation
Polyreaktion, bei der viele Moleküle intermolekular miteinander verknüpft werden, wobei jedes Molekül mindestens zwei funktionelle Gruppen besitzt. Die Moleküle können dabei gleich oder verschieden sein. Bei der Reaktion werden niedermolekulare Verbindungen, z. B. H_2O oder NH_3, abgespalten.

Polymerisation
Chemische Reaktion, bei der meist ungesättigte organische Einzelmoleküle unter Einfluss von Katalysatoren und unter Auflösung der Mehrfachbindung zu langkettigen Molekülen reagieren. Die Produkte aus der Reaktion bezeichnet man als Polymerisate.

Radikale
Atome oder Atomgruppen mit einzelnen ungepaarten Elektronen, sind sehr reaktionsfreudig und äußerst unbeständig. Radikale entstehen vorwiegend durch Einwirkung von Energie.

Radikalische Reaktion
Reaktionsmechanismus, zu dessen Ablauf reaktionsfähige Teilchen (Radikale) benötigt werden.

SSS-Regel
„Sonne-Siedehitze-Seitenkette"-Regel.Unter Einfluss von UV-Licht (Sonnenlicht) findet in der Siedehitze eine Substitution an der Seitenkette eines Aromaten statt.

Sterische Abschirmung
Räumliche Abschirmung eines Reaktionszentrums einer Verbindung durch benachbarte raumfüllende Substituenten. Dadurch kommt es zu einer Verringerung der Reaktionsgeschwindigkeit.

Substitution
Ersatz (Austausch) einzelner Atome oder Atomgruppen durch andere Atome oder Atomgruppen.

Sulfonierung
Eine Sulfonsäuregruppe (auch Sulfogruppe), $-SO_3H$ – wird durch Reaktion mit konz. Schwefelsäure oder Oleum in eine organische Verbindung eingeführt. Als Reaktionsprodukte entstehen Sulfonsäuren, $R{-}SO_3H$.

Umlagerung
Reaktion, bei der durch Neugruppierung der Atome innerhalb eines Moleküls eine neue chemische Verbindung entsteht.

Verseifung
Allgemeine Bezeichnung für die Hydrolyse von Estern, bei der mithilfe von Laugen, Säuren oder Enzymen das Salz der Säure oder die Säure und der Alkohol, aus denen der Ester hergestellt wurde, entstehen. Der Begriff wurde an die Bildung von Seife aus Fetten angelehnt.

Ziegler-Natta-Katalysator
Nach den Entdeckern benannter metallorganischer Mischkatalysator zur stereospezifischen Kettenpolymerisation von vorwiegend Alkenen. Kein klassischer Katalysator, da er im Normalfall im Polymer verbleibt und deaktiviert werden muss.

Zweitsubstitution, Mehrfachsubstitution
Bereits substituierte Aromaten werden noch einmal substituiert. Der Erstsubstituent hat hierbei durch seine mesomeren und induktiven Effekte starken Einfluss auf die Reaktionsgeschwindigkeit und auf die Position, an die der Zweitsubstituent an den Ring gebunden wird.

3.4 Namensreaktionen

Beckmann-Umlagerung
Reaktionsmechanismus zur Umwandlung von Oximen in substituierte Säureamide.

Cannizarro-Reaktion
Disproportionierung von Aldehyden, die kein Wasserstoffatom am α-ständigen Kohlenstoffatom zur Aldehydgruppe besitzen, in konzentrierter Lauge. Als Oxidationsprodukt entsteht dabei eine Carbonsäure, als Reduktionsprodukt ein Alkohol.

Diels-Alder-Synthese, Dien-Synthese
1,4-Cycloaddition einer reaktiven C-C-Doppelbindung an Kohlenwasserstoff-Verbindungen mit konjugierten Doppelbindungen.

Friedel-Crafts-Acylierung
Elektrophile aromatische Substitution, bei der ein Atom oder eine Atomgruppe durch einen Acyl-Rest in Gegenwart einer Lewis-Säure, z. B. $AlCl_3$, als Katalysator ersetzt wird.

Friedel-Crafts-Alkylierung

Reaktion von Halogenalkanen mit Benzol oder Benzolderivaten, dabei lagert sich in einer Substitutionsreaktion eine Alkylgruppe an den Benzolring. Das dabei abgespaltene Proton reagiert mit dem Halogen zum entsprechenden Halogenwasserstoff. Als Katalysator wird eine Lewis-Säure, z. B. $AlCl_3$, eingesetzt.

Gattermann-Aldehydsynthese

Reaktionsmechanismus zur Darstellung von Phenolaldehyden oder Phenoletheraldehyden durch Einwirkung von Blausäure und Chlorwasserstoff auf aromatische Verbindungen.

Grignard-Reaktionen

Metallorganische Halogenverbindungen, so genannte Grignard-Verbindungen, reagieren mit Verbindungen, die reaktionsfähige Wasserstoffatome besitzen. Mit Aldehyden, Ketonen, Methansäureestern, Nitrilen und Kohlenstoffdioxid gehen die Grignard-Verbindungen Additionsreaktionen ein. Durch Grignard-Reaktionen lassen sich Alkane, Alkohole, Aldehyde, Ketone und Carbonsäuren herstellen.

Reppe-Carbonylierung

Reaktion, bei der Ethin mit Kohlenstoffmonoxid oder mit Verbindungen reagiert, die ein bewegliches Wasserstoffatom besitzen. Es entstehen ungesättigte Carbonsäuren oder ungesättigte Carbonsäurederivate, die alle eine durch die Aufspaltung der Dreifachbindung des Ethins entstandene Vinylgruppe enthalten.

Reppe-Cyclisierung

Reaktion, bei der mehrere Moleküle Ethin eine Ringverbindung bilden, in der konjugierte Doppelbindungen vorliegen.

Reppe-Ethinylierung

Reaktion, bei der Ethin an Aldehyde oder Ketone addiert wird. Diese Reaktion am Ethin kann einseitig oder beidseitig ablaufen, dabei entstehen Alkinole oder Alkindiole.

Reppe-Synthesen

Synthesen ausgehend vom Ethin, bei denen Carbonylierungen, Cyclisierungen, Ethinylierungen und Vinylierungen unter Einsatz von Katalysatoren bei hohen Drücken und hohen Temperaturen durchgeführt werden.

Reppe-Vinylierung	Reaktion, bei der Ethin mit Verbindungen reagiert, die ein bewegliches Wasserstoffatom haben, dabei entsteht unter Aufspaltung der Dreifachbindung eine Vinylgruppe.
Sandmeyer-Reaktion	Reaktionsmechanismus zur Substitution einer Diazoniumgruppe in aromatischen Verbindungen durch Halogene oder eine Cyangruppe in Gegenwart der entsprechenden Cu(I)-Salze.
Williamsonsche Ethersynthese	Reaktion von Alkoholaten mit Halogenalkanen, bei der sich als Hauptprodukt ein Ether und als Nebenprodukt ein Halogenid mit dem Kation des Alkoholats bildet.
Wurtzsche Synthese	Reaktionsmechanismus zur Bildung von Alkanen aus Halogenalkanen und Natrium.

4 Labortechnische Arbeitsprozesse

4.1 Messen physikalischer Größen und physikalische Vorgänge

Absolute Temperatur
Temperaturwert, der sich auf den absoluten Nullpunkt bezieht, wird durch das Formelzeichen T symbolisiert und in Kelvin (K) gemessen. Um die Kelvin-Werte in die °C umzurechnen, müssen 273,15 subtrahiert werden.

Absoluter Nullpunkt
Formelzeichen T_0, ist mit 0 Kelvin definiert. Dies entspricht in der °C-Skala –273,15 °C.

Analysator
Technischer Messfühler, der ein System, eine Messstrecke oder einen Frequenzbereich überwacht und hinsichtlich eventueller Abweichungen analysiert.

Analysenwaage
Charakteristische Laborwaage, empfindlichste Form einer Präzisionswaage.

Aräometer, Spindel
Zylinderförmiger Hohlkörper, auf dessen Skala abhängig von der Eintauchtiefe die Dichte von Flüssigkeiten abgelesen werden kann. Je größer die Eintauchtiefe, umso kleiner ist die Dichte der Flüssigkeit.

ATR-Technik
„Abgeschwächte Totalreflektion", die Gesetze der Lichtbrechung und Reflexion werden angewendet. Nichtreflektierte elektromagnetische Strahlung wird bestimmt und liefert ein charakteristisches Spektrum. Es können feste und flüssige Proben untersucht werden.

Ausdehnungskoeffizient, Wärmeausdehnungskoeffizient
Größe für die Änderung von
- Volumen (räumlicher oder kubischer Ausdehnungskoeffizient) oder
- Länge (linearer Ausdehnungskoeffizient)

von Stoffen bei Temperaturänderungen.

Beugung
Richtungsänderung einer elektromagnetischen Welle, die Rückschlüsse auf die durchdrungenen Medien zulässt.

Brechzahl. Brechungsindex — Einheitslose Verhältniszahl, die angibt, um wie viel Mal kleiner die Lichtgeschwindigkeit in der untersuchten Substanz als im luftleeren Raum ist. Sie wird mit dem so genannten Refraktometer bestimmt.

Coulomb — Einheit für die elektrische Ladung Q.
1 Coulomb (C) = 1 A · s.

Dewargefäß — Doppelwandiges, isolierendes Gefäß. Der Raum zwischen der Doppelwand ist evakuiert, die innere Schicht des Gefäßes ist verspiegelt. Dadurch wird der in einem Dewargefäß aufbewahrte Stoff gegen die Umgebung thermisch gut isoliert.

Dichte — Quotient aus der Masse und dem Volumen von Stoffen. Das Formelzeichen ist ρ, die Einheit g/cm^3.

Diffusion — Durchmischung von verschiedenen, miteinander in Berührung befindlichen Gasen, Flüssigkeiten oder Feststoffen, hervorgerufen durch Konzentrations-, Temperatur-, Druckunterschiede oder äußere Feldkräfte.

Durchflussmenge — Das durch ein System fließende Volumen oder die Masse pro Zeiteinheit. Einheit: L/min bzw. kg/min.

Dynamische Viskosität — Viskositätskoeffizient zwischen Schubspannung und Flüssigkeitsgefälle in einem flüssigen Medium, die Einheit ist mPa · s.

Erstarren — Übergang vom flüssigen in den festen Aggregatzustand.

Erstarrungspunkt, Festpunkt — Die Temperatur, bei der ein Stoff vom flüssigen in den festen Zustand übergeht.

Farad — Einheit für die molare Elektrizitätsmenge,
1 F = 96 485 C/mol.

Gefrierpunkterniedrigung, Schmelzpunktdepression — Phänomen, dass Lösungen, in denen Salze gelöst sind, einen tieferen Gefrierpunkt als das reine Lösemittel aufweisen.

Gravitation — Schwerkraft, Erdanziehungskraft.

Grenzwinkel der Totalreflexion — Fällt ein monochromatischer Lichtstrahl von einem optisch dichteren in ein optisch ▷

dünneres Medium, wird dieser gebrochen. Erreicht der Brechungswinkel β dabei 90°, geht kein Licht mehr in das optisch dünnere Medium über. Der zu einem Winkel β von genau 90° gehörende Einfallswinkel α wird als Grenzwinkel der Totalreflexion bezeichnet.

Heizwert
Technische Größe, Quotient aus der freiwerdenden Energie und der Masse des Brennstoffs, bei vollständiger Verbrennung eines Stoffs, Einheit: kJ/kg.

Hydrostatische Waage
Veränderte Balkenwaage zur Bestimmung der Dichte. Dabei wird ein Körper in der Luft gewogen, dann in eine Flüssigkeit mit bekannter Dichte getaucht und wieder gewogen. Die Massendifferenz entspricht der Auftriebskraft, die der Körper erfährt, daraus lassen sich das Volumen und damit die Dichte des Körpers berechnen.

Hydrostatischer Druck
Druck innerhalb einer Flüssigkeit oder eines Gases, in Abhängigkeit von der Dichte und der Stoffschichthöhe über dem Messpunkt.

Induktiver Widerstand
Dem elektrischen Strom entgegenwirkender Widerstand durch ein entgegengesetztes Magnetfeld.

Joule
SI-Einheit der Wärmemenge (Q), der Energie (E) und der Arbeit (W).
1 Joule (J) = 1 Nm = 1 Ws.

Kalorimeter
Messinstrument zur Ermittlung der spezifischen Wärmekapazität bzw. zur Bestimmung der Wärmemengen bei Prozessen.

Kalorimetrie
Methode zur Messung von Wärmemengen.

Kelvin
SI-Einheit der Temperatur. Einheit: K.
K = °C – 273,15.

Kinematische Viskosität
Ausdruck für die innere Reibung in Abhängigkeit von der Verschiebungsgeschwindigkeit in einer Flüssigkeit, wird berechnet, indem man die dynamische Viskosität durch die Dichte der Flüssigkeit dividiert. Einheit: m^2/s.

Kolorimetrie
Verfahren, das zur quantitativen Bestimmung farbiger Verbindungen herangezogen werden kann. Dabei wird mithilfe eines Kolorimeters ein Farbvergleich zwischen einer Probelösung und einem Standard bekannter Konzentration durchgeführt.

Kondensator
Elektrisches Bauelement zur Speicherung von elektrischen Ladungen.

Kondensieren
Übergang vom gasförmigen in den flüssigen Aggregatzustand.

Kritische Masse
Die Masse eines spaltbaren Materials, die mindestens erforderlich ist, damit sich die nukleare Kettenreaktion gerade noch selbst aufrechterhält.

Kritische Temperatur
Oberhalb dieser Temperatur sind Gase, auch bei noch so hohem Druck, nicht mehr zu verflüssigen.

Kritischer Druck
Der geringste Druck, der benötigt wird, um ein Gas genau bei dessen kritischer Temperatur zu verflüssigen.

Kritischer Punkt
Thermodynamische Beschreibung für den Zustandspunkt von Stoffen, an dem die gasförmige und die flüssige Phase die gleiche Dichte haben.

Kryoskopie
Methode zur Molekulargewichtsbestimmung durch Gefrierpunktserniedrigung einer Lösung.

Latente Wärmemenge
Wärmemenge, die lediglich den Aggregatzustand einer Substanz ändert, hat keinen Einfluss auf die Temperatur der Substanz.

Leitfähigkeit
Allgemein die Fähigkeit von Stoffen, Energie oder Teilchen zu transportieren.

Linear polarisiertes Licht
Licht, das seine Schwingungsrichtung im Raum stets beibehält, dabei ändert sich der elektrische Vektor periodisch in seinem Betrag.

Manometer
Druckmessgerät.

Masse
Physikalische Größe, das Formelzeichen ist m, die Einheit ist Gramm (g).

Mischschmelzpunkt
Methode, die zur Identifizierung von Feststoffen eingesetzt wird. Die zu identifizierende Substanz wird mit einer Referenzsubstanz gemischt und davon der Schmelzpunkt bestimmt. Sind Mischschmelzpunkt und die Schmelzpunkte der Einzelsubstanzen gleich, sind die Substanzen identisch.

Mohr-Westphalsche Waage
Gerät zur Dichtebestimmung nach Mohr. Balkenwaage mit Senkkörper, dessen Auftriebskraft durch Massekörper (Reiter) ausgeglichen wird. Die Dichte der Flüssigkeit kann dann direkt an der Waage abgelesen werden.

Molrefraktion
Stoffkonstante R_m, die zur Strukturaufklärung von chemischen Verbindungen eingesetzt werden kann. Wird errechnet aus der Brechzahl n, der Dichte ρ und der Molaren Masse M des Stoffes:

$$R_m = \frac{M}{\rho}\left(\frac{n^2-1}{n^2+2}\right).$$

Ohmsches Gesetz
Physikalische Gesetzmäßigkeit, die aussagt, dass bei bestimmten elektrischen Leitern eine Proportionalität zwischen Spannung U und hindurchfließendem Strom I besteht. $U \sim I$. Ergänzt durch den Ohmschen Widerstand ergibt sich die Gleichung $U = R \cdot I$.

Optik
Lehre von der Ausbreitung des Lichtes und dessen Wechselwirkung mit der Materie.

Optische Aktivität, Chiralität
Die Fähigkeit von Substanzen, die Ebene von linear polarisiertem Licht zu drehen.

Paralaxe
Scheinbare Verschiebung eines Standortes bei unterschiedlichen Betrachtungswinkeln. Häufiger Ablesefehler von Skalen, der optimale Betrachtungspunkt ist senkrecht zur Skala.

Pascal
SI-Einheit für den Druck,
1 Pascal (Pa) = 1 N/m^2.

Polarimeter
Gerät zur Messung optischer Aktivitäten von Flüssigkeiten und Lösungen.

Polarimetrie
Methode, um bei optisch aktiven Stoffen die Drehung der Schwingungsebene des linear polarisierten Lichtes zu messen.

Polarisator Optisches Bauteil, das linear polarisiertes Licht erzeugt.

Prisma Optisches Bauteil zum Zerlegen des weißen Lichts in die Spektralfarben.

Pyknometer Glasgefäß, das einen Schliffstopfen mit einer durchgehenden Kapillare trägt. Wird zur Dichtebestimmung von Lösungen und Feststoffen verwendet, wobei die Dichte über die Wägung des leeren und des gefüllten Pyknometers errechnet werden kann.

Reflexion Zurückwerfen einer elektromagnetischen Welle, Lichtspiegelung.

Refraktometrie Methode, bei der das Brechungsvermögen von Flüssigkeiten, Gasen oder Feststoffen bestimmt wird. Die Bestimmung erfolgt mit einem Refraktometer unter Anwendung des Prinzips der Totalreflexion.

Reibung Gesamtheit der Kräfte an der Grenzfläche zweier Körper, die ihre gegenseitige Bewegung hemmen oder verhindern.

Resublimieren Direkter Übergang vom gasförmigen in den festen Aggregatzustand.

Rotationsenergie Kinetische Energie eines starren Körpers, der um eine feste Achse rotiert, ist abhängig von der Trägheit und der Winkelgeschwindigkeit des Körpers.

Rotationsviskosimeter Ein zylinderförmiger, eingetauchter Drehkörper wird in einer Flüssigkeit gedreht, der Widerstand zur Drehbewegung entspricht der dynamischen Viskosität.

Schmelzbereich Temperaturspanne, in der Stoffgemische und Legierungen vom festen in den flüssigen Aggregatzustand übergehen.

Schmelzdiagramm In einem Schmelzdiagramm werden die Gefrierpunkte eines binären Flüssigkeitsgemischs abhängig von der stofflichen Zusammensetzung aufgetragen. Durch Lösen eines Stoffes in einer Flüssigkeit, wird deren Gefrierpunkt erniedrigt. Gleiches gilt für die ▷

	Mischung aus Stoffschmelze und Flüssigkeit. Durch Variation der prozentualen Zusammensetzung der Lösung erhält man so ein charakteristisches Diagramm der Gefrier- bzw. Schmelzkurven, bis sich in einem Punkt (eutektischer Punkt) beide Kurven treffen. In diesem Punkt besitzt das Stoffgemisch die Zusammensetzung, bei der es nicht mehr getrennt werden kann.
Schmelzen	Übergang vom festen in den flüssigen Aggregatzustand.
Schmelzenthalpie, Schmelzenergie, Schmelzwärme	Energie in kJ/kg, die benötigt wird, um einen Stoff vom festen in den flüssigen Aggregatzustand zu überführen.
Schmelztemperatur, Schmelzpunkt	Temperatur eines Stoffes beim Übergang von fest nach flüssig.
Siedepunkterhöhung	Phänomen, dass Lösungen, in denen Salze gelöst sind, einen höheren Siedepunkt als das reine Lösemittel aufweisen.
Siedetemperatur, Siedepunkt, Kochpunkt	Ist erreicht, wenn der Dampfdruck einer Flüssigkeit so groß wie der über ihr befindliche Luftdruck ist.
Siedeverzug	Phänomen, bei dem eine Flüssigkeit ohne zu sieden einige Grad Celsius über ihren Siedepunkt erhitzt wird und bei geringster Erschütterung ein plötzliches Verdampfen ausgelöst werden kann. Durch die dabei austretenden Dampfblasen wird ein großer Teil der Flüssigkeit mitgerissen.
SI-Internationales Einheitensystem	Internationales Größensystem, das aus den sieben Basisgrößen, Länge, Masse, Temperatur, Stromstärke, Zeit, Stoffmenge und Lichtstärke, und den daraus abgeleiteten Größen, z. B. Volumen, Kraft, besteht.
Snelliussches Brechungsgesetz	Besagt, dass es zu einer Richtungsänderung einer Welle beim Übergang von einem transparenten Medium in ein anderes transparentes Medium mit einer anderen Phasengeschwindigkeit kommt.

Spezifische Schmelzwärme Wärmemenge, die benötigt wird, um ein Kilogramm eines Stoffes bei Normdruck und der Schmelztemperatur des Stoffes zu schmelzen. Das Formelzeichen ist q_s, die Einheit kJ/kg.

Spezifische Verdampfungswärme Wärmemenge, die benötigt wird, um ein Kilogramm eines Stoffes bei Normdruck und bei der Siedetemperatur des Stoffes zu verdampfen. Das Formelzeichen ist r oder q_v, die Einheit kJ/kg.

Spezifische Wärmekapazität Wärmemenge, die benötigt wird, um ein Kilogramm eines Stoffes um ein Kelvin zu erwärmen. Sie ist für jeden Stoff charakteristisch. Das Formelzeichen ist c, die Einheit ist J/(kg · K).

Spezifischer Drehwinkel Änderung der Schwingungsebene des linear polarisierten Lichts nach Durchgang durch eine Lösung, die eine optisch aktive Substanz enthält. Um vergleichbare Ergebnisse bei der Bestimmung des spezifischen Drehwinkels zu erhalten, wird immer eine Konzentration der Lösung von β = 1g/mL und eine Küvettenlänge von l = 10 cm verwendet.

Spezifischer Widerstand Vom Material abhängige Konstante elektrischer Leiter. Das Formelzeichen ist ρ, die Einheit ist $(\Omega \cdot mm^2)/m$.

Stromstärke Physikalische Größe, das Formelzeichen ist I, die Einheit ist Ampere (A).

Sublimationsenthalpie, Sublimationswärme, Sublimationsenergie Summe der Schmelz- und Verdampfungsenthalpie.

Sublimieren Direkter Übergang vom festen in den gasförmigen Aggregatzustand.

Taukurve Grafische Darstellung aller Taupunkte eines Stoffgemischs in Abhängigkeit von der Zusammensetzung des Gemischs. Teil des Siedediagramms.

Taupunkt Temperatur, bei der ein Wasserdampf-Luftgemisch an Wasserdampf gerade gesättigt ist, unterhalb dieser Temperatur kommt es zur Kondensation.

Temperatur
Physikalische Größe, Durchschnittsgeschwindigkeit der Teilchenschwingungen, angegeben in Kelvin (K) oder Grad Celsius (°C).

Thermodynamik
Wärmelehre, Teilbereich der Physik.

Thermoelement
Messgerät zur Erfassung der Temperatur. Besteht aus zwei verschiedenen Metallen, die an einem Ende miteinander verbunden sind. Legt man an den freien Enden der Metalle eine Temperaturdifferenz an, wird entlang der Metalle eine Spannung erzeugt, die der Temperaturdifferenz proportional und abhängig vom Leitermaterial ist.

Thermometer
Messgerät zur Erfassung der Temperatur.

Thermometerskala
Gradmaß zum Ablesen der Temperatur bei Thermometern.

Totalreflexion
Tritt auf, wenn ein Lichtstrahl von einem optisch dichteren in ein optisch dünneres Medium übergeht und der Einfallswinkel gleich oder größer als der Grenzwinkel der Totalreflexion ist.

Verdampfen
Übergang vom flüssigen in den gasförmigen Zustand.

Verformen
Änderung der Form eines Körpers durch Einwirken einer äußeren Kraft, wobei die Verformung reversibel oder irreversibel erfolgen kann.

Viskosität
Zähigkeit einer Flüssigkeit, Schmelze oder Suspension, Maß für den inneren Flüssigkeitswiderstand gegen das Fließen. Wird definiert durch den Reibungswiderstand, den eine Flüssigkeit einer Deformation durch eine Druck- oder Schubspannung entgegensetzt.

Volumen
Räumlicher Inhalt von festen, flüssigen oder gasförmigen Körpern. Das Formelzeichen ist V, die Einheit Kubikmeter (m^3).

4.2 Trennen von Stoffen

Anionenaustauscher
Verbindungen, die leicht abspaltbare Hydroxid-Ionen beinhalten. Durch Nutzung als stationäre Phase können beim Durchgang von anionenhaltigen Substanzen die Anionen gegen Hydroxid-Ionen ausgetauscht werden. Vor dem nächsten Einsatz muss ein Anionenaustauscher regeneriert werden, dabei werden gebundene Anionen wieder durch Hydroxid-Ionen ausgetauscht.

Ausschütteln
Trennen einer Lösung (Lösemittel und Substanz) durch Zugabe eines Lösemittels, das sich nicht mit dem ersten Lösemittel mischt und in dem sich die gelöste Substanz besser löst.

Azeotropes Gemisch
Gemisch, dessen Dampf bei der Destillation die gleiche Zusammensetzung wie die siedende Flüssigkeit besitzt.

Blaubandfilter
Aschefreie Filter zum Filtrieren von feinkristallinen Niederschlägen mit einer kleinen Porenweite von ca. 2 µm.

Bodenzahl
Anzahl eingebauter Böden in Kolonnen. Mit steigender Bodenzahl nimmt der Trenneffekt in der Kolonne zu.

Claisen-Aufsatz
Verbindungsstück, das bei Destillationsapparaturen zwischen Kolben und Kühler eingesetzt wird, es hat am oberen Ende einen Stutzen mit Schliff, in den ein Thermometer zur Temperaturkontrolle eingesetzt werden kann.

Daltonsches Gesetz
Besagt, dass die Summe der Einzeldampfdrücke (Partialdampfdrücke) aller Komponenten in einem Flüssigkeitsgemisch bzw. die Summe der Einzeldrücke (Partialdrücke) in einem Gasgemisch den Gesamtdampfdruck eines Flüssigkeitsgemischs bzw. den Gesamtdruck eines Gasgemischs ergibt.

Dampfdruck
Druck, mit dem Flüssigkeitsteilchen in die gasförmige Phase übertreten. Hierbei stellt sich ein Gleichgewicht mit den wieder in die flüssige Phase eintretenden Gasteilchen ein.

Dekantieren
Abgießen der über einem Sediment befindlichen Flüssigkeit.

Destillation
Trennverfahren für Flüssigkeitsgemische, in denen sich die Flüssigkeiten in ihren Siedepunkten deutlich unterscheiden.

Elektrofiltration So genanntes Cottrell-Verfahren, mechanische Abscheidung von Staub durch elektrostatische Aufladung.

Extraktion Trennverfahren, bei dem aus einem Stoffgemisch eine Komponente mit einem Lösemittel herausgelöst wird.

Extraktionsgut Zu trennendes Stoffgemisch.

Extraktionsmittel Bei einer Extraktion verwendetes Lösemittel.

Filtrieren Abtrennen fester Teilchen von Flüssigkeiten aufgrund der Teilchengröße.

Fraktionierte Destillation Ein Gemisch, deren Komponenten unterschiedliche Siedepunkte aufweisen, wird destilliert und der Kondensatstrom wird in einzelnen Fraktionen aufgefangen, z. B. Trennung von Erdölkomponenten.

Gelfiltration Trennung von Gemischen mittels eines Gels. Trennverfahren innerhalb der Chromatografie.

Gleichstromdestillation Trennverfahren für Flüssigkeitsgemische. Das zu trennende Gemisch wird durch einmaliges Verdampfen und Kondensieren getrennt. Bei diesem Vorgang bewegt sich nur eine Phase, nämlich die Dampfphase der siedenden Flüssigkeit. Kann nur angewendet werden, wenn die Siedepunkte der zu trennenden Substanzen weit auseinander liegen.

Glockenbodenkolonne Durch Einbauten (Böden) in die Kolonne wird der Dampfstrom gezwungen, bei jedem Boden durch das Kondensat zu strömen. Dadurch kommt es in der Kolonne zu einem hohen Stoffaustausch zwischen zurücklaufendem Kondensat und aufsteigendem Dampf.

Ionenaustauscher Feststoffe, die aus Lösungen positive oder negative Ionen aufnehmen und die gleiche Menge anderer Ionen gleicher Ladung abgeben.

Kationenaustauscher Verbindungen, die leicht abspaltbare Protonen beinhalten. Durch Nutzung als stationäre Phase können beim Durchgang von kationenhaltigen Substanzen die Kationen gegen Protonen ausgetauscht werden. Vor dem nächsten Einsatz muss ein Kationen- ▷

austauscher regeneriert werden, dabei werden gebundene Kationen wieder durch Protonen ausgetauscht.

Klassieren
Mechanische Zerlegung eines Feststoffgemischs in Teilchen gleicher Korngrößenbereiche.

Kolonne
Verfahrenstechnisches Bauteil, das bei einer Rektifikation dazu dient, einen erhöhten Wärme- und Stoffaustausch zwischen den Phasen zu erreichen.

Kolonnenkopf
Mit einem Kolonnenkopf wird bei einer Rektifikation das Rücklaufverhältnis eingestellt, dadurch wird die Entnahme an Destillat geregelt.

Liebig-Kühler
Laborgerät zur Kondensation von gasförmigen Stoffen. Wird bei der Destillation eingesetzt.

Mehrhalskolbenrührapparatur
Rührapparatur mit einem Reaktionskolben, der mehrere Hälse zur Aufnahme weiterer Apparaturteile wie Tropftrichter, Kühler oder Thermometer enthält.

Membrantrennung
Trennverfahren, bei dem es unter Druck zur Abscheidung kleinster Teilchen an einer Membran kommt. Bei kleinster Porengröße sind auch Moleküle und Ionen abtrennbar. Membranverfahren sind z. B. die Mikrofiltration, die Ultrafiltration, die Nanofiltration oder die Umkehrosmose.

Molekularsieb
Synthetische, kristalline Aluminiumsilikate (Zeolithe), in denen dreidimensional vernetzte Tetraeder vorliegen. In den Hohlräumen, ca. $3 \cdot 10^{-10}$ m bis $10 \cdot 10^{-10}$ m, können selektiv Gase oder Flüssigkeiten abhängig von der Molekülgröße adsorbiert werden. Sie dienen daher der Trennung von Gas- oder Flüssigkeitsgemischen. Die Regeneration erfolgt über Wärme, Druck oder Spülen.

Osmose
Gerichteter Stoffaustausch durch eine semipermeable (halbdurchlässige) Membran.

Phasengrenze
Am Übergang von einer Phase in die benachbarte ändern sich physikalische Größen, wie Dichte, Brechungsindex oder Leitfähigkeit sprunghaft, dabei finden die Änderungen in einer Grenzschicht von wenigen Moleküldurchmessern statt.

Phasentrennung
Trennung nach den Aggregatzuständen. Meistens jedoch Trennung zweier nicht miteinander mischbarer Flüssigkeiten. Technologischer Schritt nach dem Ausrühren oder Ausschütteln.

Raschigringe
Füllkörper für Kolonnen mit dem Ziel, die Austauschoberfläche zwischen Dampf- und Kondensatphase zu erhöhen.

Rektifikation
Mehrfache Destillation in einer Kolonne, die im Gegenstromverfahren durchgeführt wird. Die einzelnen Destillationsschritte werden übereinander durchgeführt, dabei steigt Dampf von unten auf und Kondensat tropft von oben wieder zurück. Wird durchgeführt, wenn die Siedepunkte der zu trennenden Flüssigkeiten eng zusammenliegen.

Saugflasche
Teil einer Laborapparatur, mit der Feststoffe und Flüssigkeiten getrennt werden. Über die Saugflasche wird Unterdruck erzeugt, durch den die Flüssigkeit leistungsstark abgesaugt werden kann. Der Feststoff bleibt auf einem Filter zurück.

Scheidetrichter
Laborgerät, mit dem ineinander nicht lösliche Flüssigkeiten diskontinuierlich getrennt werden können. Die Flüssigkeit mit der größeren Dichte sammelt sich unten im Gefäß an und wird zur Abtrennung über einen Hahn abgelassen.

Schwarzbandfilter
Aschefreie Filter zum Filtrieren von grobkristallinen und gelartigen Niederschlägen mit einer großen Porenweite von ca. 6 µm.

Sediment
Am Boden abgesetzte Teilchen in Flüssigkeiten, die zuvor suspendiert waren.

Sedimentieren
Ablagern/Absetzen von meist feinen Feststoffen aus Flüssigkeiten oder Gasen mittels Erdanziehung oder Zentrifugalkräften.

Sieben
Trennen von Feststoffteilchen nach ihrer Korngröße oder Entfernen von Feststoff mittels grobem Filter (Sieb) von einer Flüssigkeit.

Siedediagramm
In einem Siedediagramm werden zum Einen die Siedepunkte, zum Anderen die Taupunkte eines aus zwei Stoffen bestehenden Flüssigkeits- bzw. Gasgemischs in Abhängigkeit von der stofflichen Zusammensetzung aufgetragen. Aus dem Siedediagramm können Rückschlüsse auf eine Fraktionierung des Gemischs gezogen werden.

Sorption
Vorgänge, die zu einer Anreicherung eines Stoffs in einer Phase oder auf einer Grenzfläche zwischen zwei Phasen führen. Sammelbegriff für alle Prozesse, in denen man Adsorption und Absorption nicht eindeutig benennen kann.

Sorptionsmittel
Stoff zur Aufnahme (Sorption) eines anderen Stoffes.

Sortieren
Tätigkeit komplexen Trennens von Gegenständen nach Sortiermerkmalen, z. B. leichter oder schwerer als Wasser, magnetisch oder unmagnetisch, brennbar oder nicht brennbar.

Sprüh-Elektrode
Wird zur elektrostatischen Abscheidung von festen und flüssigen Partikeln aus Gasströmungen eingesetzt, dabei wird ein stark heterogenes elektrisches Feld ausgebildet, das an bestimmten Stellen Entladungsvorgänge zulässt. Die Sprüh-Elektrode ist dabei die Elektrode, an der die Entladung stattfindet.

Theoretische Böden
Kennzahl, um die Trennleistung verschiedenartiger Kolonnen zu vergleichen.

Trennverfahren
Verfahren, die unter Nutzung der unterschiedlichen physikalischen und chemischen Eigenschaften Gemische in ihre Komponenten trennen.

Trockenmittel
Chemische Verbindung oder Substanz, die reversibel oder irreversibel Wasser bindet, z. B. Phosphorpentoxid, Kieselgel.

Trockenschrank
Ofenähnliche Einrichtung zur diskontinuierlichen Trocknung von Feststoffen.

Trocknen
Sammelbegriff für alle Trennverfahren zur vollständigen Entfernung von Wasser oder anderen Lösemitteln aus Feststoffen, Flüssigkeiten oder Gasen.

Vakuumdestillation Destillation bei sehr niedrigem Druck. Wird bei Gemischen mit sehr hohen Siedepunkten und bei Gemischen, deren Zersetzungspunkt unterhalb des Siedepunkts liegt, eingesetzt.

Vakuumrektifikation Rektifikation bei sehr niedrigem Druck. Wird bei Gemischen mit sehr hohen Siedepunkten und bei Gemischen, deren Zersetzungspunkt unterhalb des Siedepunkts liegt, eingesetzt.

Verdunsten Übergang eines Stoffs vom flüssigen in den gasförmigen Aggregatzustand unterhalb des Siedepunkts, wesentliche Anwendung ist das Trocknen.

Wasserdampfdestillation, Trägerdampfdestillation Trennverfahren zum Trennen von schwer flüchtigen, in Wasser unlöslichen Stoffen, beruht auf dem Gesetz von Henry Dalton, das besagt, dass der Gesamtdruck eines Gasgemischs gleich der Summe der Teildrücke der einzelnen Bestandteile entspricht. Wird einem zu trennenden Gemisch eine dritte Komponente, die nicht mit den anderen Phasen mischbar ist – in diesem Fall Wasserdampf – zugesetzt, so werden die Teildrücke der anderen Komponenten kleiner und der Siedepunkt des Gemischs wird herabgesetzt, das ermöglicht eine schonende Destillation und verhindert ein Zersetzen der Probe.

Weißbandfilter Aschefreie Filter zum Filtrieren von Niederschlägen mit mittlerer Körnung mit einer Porenweite von ca. 4 µm.

Windsichter Apparat zur Klassierung eines Haufwerks mithilfe bewegter Luft. In der einfachsten Form wird das „Sichtgut" oben im Windsichter aufgegeben und fällt einem aufsteigenden Luftstrom entgegen. Die Klassierung beruht dabei auf dem unterschiedlich großen Luftwiderstand verschieden großer Teilchen im Luftstrom.

Zentrifugieren Mechanisches Verfahren zur Trennung von Suspensionen und Emulsionen aufgrund der Massenträgheit.

Zyklon Wirbelschichtabscheider, in dem das Feststoff-Luftgemisch durch Zentrifugalkraft getrennt wird.

4.3 Reinigen von Stoffen

Adsorption
Anreichern eines Stoffs an der Oberfläche von Feststoffen.

Adsorptionsmittel
In der Regel wasserunlösliche, poröse Materialien, die basierend auf ihrer großen Oberfläche Stoffe durch physikalische Kräfte an sich binden können. Gängige Adsorptionsmittel sind z. B. Kieselgel, Aktivkohle und Al_2O_3.

Aktivkohle
Adsorptionsmittel, das aus besonders feinkörniger, hochporöser Kohle besteht. Wird unter anderem zur Entfernung unerwünschter Geruchs-, Geschmacks- oder Farbstoffe eingesetzt.

Auslaugen
Trennen von Gemengen durch unterschiedliche Löslichkeit der Bestandteile des Gemenges in einem Lösemittel.

Aussalzen
Herabsetzen der Löslichkeit einer auszufällenden Substanz durch Zugabe von leicht löslichen Salzen.

Autoklav
Gasdicht verschließbarer Behälter, in dem Stoffe unter Druck erhitzt werden können. Anwendung: z. B. Sterilisieren, Vulkanisieren, Hydrierung.

Desorption
Freisetzung eines adsorbierten Stoffs, z. B. durch Erwärmen.

Eindampfen
Aufkonzentrieren einer Lösung durch Entzug des Lösemittels. Die Lösung wird zum Sieden erhitzt und das Lösemittel mit der Dampfphase entzogen.

Impfen
Zur Keimbildung werden kleine Kristalle der auszufällenden Substanz in eine übersättigte Lösung gegeben, dadurch kommt es zur Niederschlagsbildung.

Impfkristall
Stoff, der zu einer übersättigten Lösung zugegeben wird, um den Vorgang der Kristallisation einzuleiten oder zu beschleunigen.

Mutterlauge
Die nach dem Auskristallisieren eines Stoffes aus einer Lösung zurückbleibende, bei gegebener Temperatur gesättigte Lösung.

Okklusion
Bezeichnet in der Chemie den Einschluss von Fremdbestandteilen oder Verunreinigungen, z. B. in Niederschlägen.

Raffination
Veredelung von Nahrungsmitteln, Rohstoffen und technischen Produkten, z. B. Erdöl, Zucker, Metalle.

Regeneration
Aufbereitung „erschöpfter" Ionenaustauscher.

Umfällung
Reinigungsmethode für in Wasser schwer lösliche feste Basen und Säuren, dabei werden die Feststoffe durch eine chemische Reaktion in wasserlösliche Salze überführt, die unlöslichen Verunreinigung abfiltriert und die zu reinigenden Verbindungen durch Zugabe von Säure oder Base wieder ausgefällt und isoliert.

Umkristallisation
Reinigungsmethode für Feststoffe, basierend auf physikalischen Vorgängen. Die Substanz wird mit einem geeigneten Lösemittel versetzt und erwärmt. Beim Abkühlen des klaren, gereinigten Filtrats kristallisiert die Substanz wieder aus und wird anschließend abgetrennt.

Verunreinigung
Vorhandene Fremdstoffe in homogenen Stoffen.

5 Probenahme und Probenvorbereitung

Absorptive Probenahme Probenahmeverfahren für Gase, bei dem das Gas in eine Flüssigkeit eingeleitet und darin gelöst wird.

Adsorptionsröhrchen Probenahmegefäß, in dem die Probe vom im Röhrchen befindlichen oberflächenaktiven Material gebunden wird. Anschließend kann das Probenmaterial mit einem Lösemittel abgelöst werden.

Adsorptive Probenahme Probenahmeverfahren für Gase, bei dem das Gas an einem oberflächenaktiven Material gebunden wird. Meistens wird dafür ein mit Aktivkohle gefülltes Proberöhrchen verwendet.

Aliquoter Teil Stoffportion, quantitative Teilmenge einer Gesamtmenge.

Aliquotieren Aufteilen einer Probe mittels Pipette in genau definierte Stoffportionen.

Aufschluss Chemische Reaktion, bei der schwerlösliche Verbindungen in Lösung gebracht werden.

Aufschlussmethode, chemisch-physikalische Probenvorbereitung Methoden, um schwerlösliche Substanzen in lösliche zu überführen und anschließend zu analysieren. Dabei kommt es zu chemischen Veränderungen des Analyten.

Aufschlussmittel Substanz, die bei einem Aufschluss zugesetzt wird und mit der aufzuschließenden Verbindung eine chemische Reaktion eingeht.

Ausfrieren Physikalischer Vorgang, bei dem das Lösemittel mit der gelösten Probe gekühlt wird. Wenn das Lösemittel erstarrt, reichert sich die Probe im noch verbleibenden flüssigen Lösemittel an.

Beprobungssonde Probenahmegerät für rieselfähige Schüttgüter und Pulver. Die Sonde wird beim Einführen in die Probe automatisch verschlossen und beim Herausziehen wieder geöffnet, dabei wird die Probe in die Sonde gefüllt.

Direkte Probenahme
Wird bei Feststoffen generell durchgeführt. Gase werden direkt einem Probegefäß entnommen und der Untersuchung ohne Probenvorbereitung zugeführt. Bei flüssigen Proben erfolgt die Bestimmung des Analyten ohne einen Aufschluss der Probe.

Durchflussproportionale Probenahme
Probenahmeart, bei der variable Probemengen in gleichen Zeitabständen, die proportional zum Durchfluss sind, entnommen werden.

Einengen
Entfernen von Lösemittel aus einer Lösung, z. B. durch Eindampfen.

Einzelproben
Teilmenge einer Probe, die durch einen Entnahmevorgang gebildet wird.

Gasmaus
Glaszylinder, der an beiden Enden zu einem Rohr verjüngt ist und mit je einem Absperrhahn aus Glas versehen ist, damit der Glaszylinder mit der darin enthaltenen Gasprobe verschlossen werden kann. Dient zur Probenahme von Gasen und hat meist eine Größe von 250 mL bis 500 mL.

Geschichtetes Probenahmeverfahren, Mehrstufiges Probenahmeverfahren
Probenahmeverfahren für heterogene Abfälle mit geringer Schüttdichte. Eine größere Probemenge wird in Form eines Würfels verdichtet, der in mehrere Schichten unterteilt wird, aus denen die Analysenprobe genommen wird.

Homogenisieren
Gleichmäßige Vermischung von unterschiedlichen Bestandteilen.

Kjeldahl-Aufschluss
Chemische Probenvorbereitung zur quantitativen Bestimmung des Stickstoffgehalts. Dabei werden Stickstoffverbindungen, z. B. Proteine und Amine, durch Erhitzen mit Schwefelsäure und einem Katalysator aufgeschlossen und in Ammonium-Verbindungen überführt.

Konservierung
Haltbarmachen von Proben, um eine physikalische oder chemische Veränderung der Probe zwischen Probenentnahme und Probeanalyse zu verhindern.

Mischprobe
Entsteht durch Vereinigung mehrerer Einzelproben.

Probenahmegeräte Arbeitsmittel, die zur Entnahme von Proben in den jeweiligen Aggregatzuständen benötigt werden.

Probenahmeplan Plan zur Durchführung einer Probenahme, der wichtige Details der zuvor erstellten Probenahmestrategie enthält.

Probenahmeraster Vorgegebene Unterteilung, die bei der Verteilung der Probenahmepunkte hilft, um gewünschte Informationen sicher zu ermitteln.

Probenahmestrategie Festlegen des Ablaufs einer Beprobung. Beginnt mit der Analysenplanung, der Erstellung des dazu erforderlichen Probenplans, der Durchführung der Probenahme und des Probentransports bis zur Analyse im Labor und einer umfangreichen Dokumentation des gesamten Ablaufs.

Probenauftrennung Eine komplex zusammengesetzte Probe wird durch geeignete Trennverfahren wie Filtration, Destillation oder Extraktion in ihre Einzelbestandteile zerlegt.

Probenextraktion Herauslösen eines Bestandteils der Probe durch ein geeignetes Extraktionsverfahren bzw. -mittel.

Probenmatrix Gesamtheit der Begleitsubstanzen, die in einer Analyse zu Fehlern führen können.

Probenserien Es werden mehrere Proben an einer Stelle aus verschiedenen Tiefen oder aus einer bestimmten Tiefe an verschiedenen Stellen entnommen.

Probenverjüngung Entnahme von Teilproben aus einer gut homogenisierten Gesamtprobe.

Probenvorbereitung Gesamtheit der Vorkehrungen, die getroffen werden müssen, damit sich eine Probe zwischen Probenahme und Analyse nicht verändert.

Protokollierung Dokumentation der Durchführung der Probenahme. Dazu zählen Ort, Zeit, Probenehmer, Verfahren, Abweichungen, Materialien, Bedingungen und Menge.

Querschnittsprobe Beprobung des Querschnittsprofils eines Schüttgutes.

Riffelteiler Manuelles Probenteilungsgerät, durch das die Probe bei jedem Teilungsvorgang halbiert wird.

Rotationsteiler Die zu teilende Probe wird durch Rotation auf mehrere Probegefäße verteilt.

Stechheber Probenahmegerät für Flüssigkeiten.

Stechlanze Probenahmegerät für Feststoffe, z. B. Schüttgüter aus Säcken.

Stichprobe Sie wird aus der Gesamtheit der Probe entnommen und stellt nur einen Teil der Gesamtprobe dar.

Trocknen Entzug von Feuchtigkeit aus den Proben. Ansonsten könnten Wägungen verfälscht werden oder nicht erwünschte Reaktionen auftreten.

Volumenproportionale Probenahme Probenahmeart, bei der die Entnahmehäufigkeit gleicher Probemengen nach definierter Durchflussmenge erfolgt.

Zeitproportionale Probenahme Probenahmeart, bei der einem Flüssigkeitsstrom in gleichen Zeitabständen gleiche Probevolumina entnommen werden.

6 Nasschemische Analytik

6.1 Qualitative Analytik

Ammoniakgruppe
Mit dem Gruppenfällungsreagenz NH_4OH fallen in dieser Stufe des Kationentrennungsgangs die Kationen $Fe^{2+/3+}$, Al^{3+}, Cr^{3+}, Zn^{2+} als Hydroxide aus.

Ammoniumcarbonatgruppe
Mit dem Gruppenfällungsreagenz $(NH_4)_2CO_3$ fallen in dieser Stufe des Kationentrennungsgangs die Kationen Ca^{2+}, Ba^{2+}, Sr^{2+} als Carbonate aus.

Ammoniumsulfidgruppe
Mit dem Gruppenfällungsreagenz $(NH_4)_2S$ fallen in dieser Stufe des Kationentrennungsgangs die Kationen Ni^{2+}, Mn^{2+}, Co^{2+} als Sulfide aus.

Analyse
Nachweis von Einzelbestandteilen eines Stoffs.

Anionennachweise
Werden aus dem Sodaauszug, z. B. Cl^-, SO_4^{2-}, NO_3^-, oder der Ursubstanz, z. B. CO_3^{2-} und CH_3COO^-, durchgeführt.

Arsengruppe
Eine von zwei Untergruppen in der Schwefelwasserstoffgruppe beim Kationentrennungsgang mit den Kationen $As^{3+/5+}$, $Sn^{2+/4+}$ und $Sb^{3+/5+}$.

Boraxperle
Aus Natriumtetraborat (Borax) geschmolzene, farblose Perle, auf die eine auf Metallionen zu untersuchende Probe aufgebracht und eingeschmolzen wird. Vorprobe zum Nachweis von Schwermetallen, die in der Schmelze eine charakteristische Färbung ergeben.

Bunsenbrenner
Laborgerät zum Erzeugen einer offenen Flamme mittels Erdgas-Luft-Gemisch.

Elementaranalyse
Analyse einer Verbindung, in der die Elementzusammensetzung der Verbindung bestimmt wird.

Fehling-Probe
Nachweis von Reduktionsmitteln, z. B. von Aldehyden und reduzierenden Zuckern. Die Fehling-Lösung besteht aus Kupfersulfat, Kaliumnatriumtartrat und Natronlauge und bildet mit Reduktionsmitteln in der Hitze einen rotbraunen Niederschlag von Kupfer(I)-oxid.

Flammenfärbung

Vorprobe für die qualitative Analyse von Elementen. Dabei werden kleine Stoffportionen der zu untersuchenden Probe in die offene Bunsenbrennerflamme gehalten. Eine für die Elemente charakteristische Flammenfärbung gibt einen Hinweis auf das jeweilige Element in der Probe.

Handspektroskop

Instrument zur Beobachtung der Spektrallinien, die in der Flamme durch den ionisierten Zustand der Elemente bei hohen Temperaturen zustande kommen. Die dabei entstehenden unterschiedlichen Spektralfarben geben einen Hinweis auf Alkali- und Erdalkalimetalle.

Heparprobe

Vorprobe auf Schwefel, bei der bei Anwesenheit von Schwefel alle Verbindungen zum Sulfid reduziert und abschließend zu schwarzem Silbersulfid umgesetzt werden.

Kationentrennungsgang

Nachweis von Kationen, dabei werden die nachzuweisenden Kationen mithilfe von Gruppenfällungsreagenzien in verschiedene Gruppen getrennt und nach weiteren Abtrennungen einzeln nachgewiesen.

Kupfergruppe

Eine von zwei Untergruppen in der Schwefelwasserstoffgruppe beim Kationentrennungsgang mit den Kationen Hg^{2+}, Pb^{2+}, Bi^{3+}, Cu^{2+} und Cd^{2+}.

Lackmuspapier

Indikatorpapier für Säuren und Laugen. Blaues Lackmuspapier trägt ein Reagens auf Säuren und färbt sich bei deren Anwesenheit rot. Rotes Lackmuspapier trägt ein Reagens auf Basen und färbt sich im positiven Fall blau.

Lösliche Gruppe

Nachweis der Kationen Li^{+}, Na^{+}, K^{+}, Mg^{2+} mit bestimmten Reagenzien ohne spezielle Gruppentrennung.

Salzsäuregruppe

Mit dem Gruppenfällungsreagenz HCl fallen in dieser Stufe des Kationentrennungsgangs die Kationen Ag^{+}, Hg^{+}, Pb^{2+} als Chloride aus.

Schwefelwasserstoffgruppe

Mit dem Gruppenfällungsreagenz Schwefelwasserstoff fallen im sauren Medium in dieser Stufe des Kationentrennungsgangs die Kationen Hg^{2+}, Pb^{2+}, Bi^{3+}, Cu^{2+}, Cd^{2+}, $As^{3+/5+}$, $Sn^{2+/4+}$ und $Sb^{3+/5+}$ als Sulfide aus.

Sodaauszug Carbonataufschluss, der durchgeführt wird, um beim Nachweis von Anionen, z. B. Cl^-, SO_4^{2-}, NO_3^-, störende Kationen auszufällen.

Vorproben Orientierende Experimente, die in der Regel mit dem zu untersuchenden Stoff durchgeführt werden. Sie geben Hinweise auf die An- oder Abwesenheit wichtiger Bestandteile und sind entscheidend für die Strategie der Hauptuntersuchung.

6.2 Quantitative Analytik

Analyse Untersuchung eines Stoffes auf Zusammensetzung und Reinheit.

Analyt Zu quantifizierender Stoff in einer Analysenprobe.

Blindprobe In der qualitativen chemischen Analyse zur Prüfung der Funktionsfähigkeit der Nachweismethode, bei positiver Probe wird sichergestellt, dass die gesuchte Substanz gefunden wird, wenn sie vorhanden ist. In der quantitativen Analyse ist die Blindprobe eine Probe, die frei vom zu quantifizierenden Analyten ist.

Blindwert Analytisches Ergebnis, das sich bei quantitativen Analysen von Blindproben ergibt. Im Idealfall ist der Blindwert Null, bei positivem Messwert wird er vom Messergebnis abgezogen.

Meniskus Gewölbte Flüssigkeitsoberfläche in engen senkrechten Röhren, z. B. in Pipetten und Büretten. Entsteht durch Oberflächenspannung, Adhäsion und Kohäsion.

Messkolben Laborgerät, mit dem Flüssigkeiten portioniert und auf ein bestimmtes Volumen aufgefüllt werden können.

Quantifizierung Gehaltsbestimmung eines Analyten durch ein geeignetes Messverfahren.

Stöchiometrie Teilbereich der Chemie, der sich mit den stoffmengenmäßigen Verhältnissen befasst, in denen chemische Elemente und Verbindungen miteinander reagieren.

Vollpipette

Pipettenart, die nur eine Markierung für ein definiertes Volumen besitzt.

Volumenmessgeräte

Laborgeräte aus Glas oder anderen chemikalienbeständigen Werkstoffen mit einer geeichten Skalierung zum Abmessen verschiedener Volumina, z. B. Messpipetten, Messzylinder und Büretten.

6.2.1 Volumetrie

Acidimetrie

Maßanalytisches Verfahren der Säure-Base-Titration, bei dem basische (alkalische) Lösungen mit sauren Maßlösungen quantifiziert werden.

Alkalimetrie

Maßanalytisches Verfahren der Säure-Base-Titration, bei dem saure Lösungen mithilfe von basischen (alkalischen) Maßlösungen quantifiziert werden.

Äquivalentkonzentration, Normalität

Gibt an, welche Äquivalentmenge n_{eq} in einem Liter Lösung enthalten ist. Das Formelzeichen ist c_{eq}, die Einheit mol/L.

Äquivalentmenge

Die Äquivalentmenge n_{eq} erhält man, indem man die Stoffmenge durch die Äquivalentzahl dividiert.

Äquivalenzpunkt

Bezeichnet den Endpunkt der Umsetzungsreaktion bei der Maßanalyse. Die zugesetzte Maßlösung hat den Analyten vollständig umgesetzt.

Argentometrie

Maßanalytisches Verfahren, bei dem durch Fällungstitration mit Silbernitrat- oder Natriumchlorid-Maßlösung Halogenid- oder Silberionen quantifiziert werden.

Bürette

Volumenmessgerät aus Glas mit einem eingeschliffenen Hahn am unteren Ende der skalierten Glasröhre. Wird zum genauen Abmessen kleiner Volumina, z. B. bei der Maßanalyse, verwendet.

Chelat-Komplex

Komplex, in dem mindestens einer der Liganden zwei oder mehr Bindungsstellen zum Zentralatom aufweist, z. B. Ethylendiamin.

Direkte Titration
Analyt und Maßlösung werden unmittelbar miteinander umgesetzt.

Fällungstitration
Verfahren, bei dem das Volumen an Maßlösung, das zur quantitativen Ausfällung bestimmter Ionen erforderlich ist, bestimmt wird.

Farbindikator
Chemische Verbindung, die bei der Indikation von chemischen Reaktionen am Äquivalenzpunkt ihre Farbe ändert.

Indikator
Anzeiger, Hilfsmittel zur Erkennung des Äquivalenzpunktes bei Titrationen (z. B. durch Farbänderung).

Indirekte Titration
Der Analyt wird vor der Titration mit Maßlösung chemisch umgesetzt.

Iodometrie
Maßanalytisches Verfahren, bei dem oxidierend und reduzierend wirkende Stoffe quantifiziert werden. Oxidierend wirkende Stoffe werden mit Iodid-Ionen zu Iod umgesetzt. Das durch Oxidation erhaltene Iod wird durch Titration mit Natriumthiosulfat-Maßlösung, $Na_2S_2O_3$, quantitativ bestimmt, wobei Tetrathionat-Ionen, $S_4O_6^{2-}$, und Iodid-Ionen entstehen. Reduzierend wirkende Stoffe setzen Iod zu Iodid-Ionen um. Es kann direkt mit Iod-Maßlösung titriert werden oder es wird ein Überschuss an Iod-Maßlösung zugesetzt und der Überschuss an Iod mit Natriumthiosulfat-Maßlösung zurücktitriert.

Komplexometrie, Chelatometrie
Maßanalytisches Verfahren zur Quantifizierung von Metall-Ionen. Dabei bilden Metall-Ionen mit Komplexbildern, z. B. dem Dinatriumsalz der Ethylendiamintetraessigsäure, EDTA, sehr stabile Chelat-Komplexe. Die Reaktion ist pH-Wert abhängig und läuft unabhängig von der Ladungszahl des Metall-Ions immer im Verhältnis 1:1 ab.

Maßanalyse, Volumetrie
Verfahren zur Quantifizierung von Analyten. Der zu bestimmende Analyt befindet sich gelöst in einer Vorlage und eine genau definierte Maßlösung wird über eine Bürette zugetropft bis der Endpunkt der Umsetzung erreicht ist.

Maßlösung, Titrator	Lösung mit genau bekannter Konzentration an Reagenz, die bei der Maßanalyse verwendet wird.
Messzylinder	Enges, zylindrisches, durchsichtiges Gefäß mit Skala zur Volumenmessung.
Neutralisationspunkt, Neutralpunkt	Zustand, in dem die Stoffmenge an H_3O^+-Ionen und OH^--Ionen gleich ist. Die Lösung ist neutral, hat einen pH-Wert von 7,0.
Neutralisationstitration	Ionenkombinationsreaktion, bei der die Hydroniumionen der Säure und die Hydroxidionen der Base zu undissoziiertem Wasser reagieren.
Oxidimetrie	Sammelbegriff für maßanalytische Verfahren, deren vollständige Umsetzung auf Redox-Reaktionen basieren, z. B. Iodometrie.
Permanganometrie, Manganometrie	Maßanalytisches Verfahren, bei dem oxidierend wirkende Stoffe mit Kaliumpermanganat-Maßlösung quantifiziert werden.
Redoxtitration	Maßanalytisches Verfahren, dem eine Redoxreaktion zugrunde liegt. Oxidationsmittel werden durch Titration mit Reduktionsmitteln bestimmt, Reduktionsmittel durch Umsetzung mit Oxidationsmitteln. Der Äquivalenzpunkt kann durch Eigenfärbung oder durch Redoxindikatoren festgestellt werden.
Rhodanometrie	Maßanalytisches Verfahren, bei dem Silbernitrat mit Ammoniumthiocyanat (veraltet: -rhodanid) bestimmt und der Äquivalenzpunkt durch Bildung von Eisenthiocyanat angezeigt wird.
Rücktitration	Maßanalytisches Verfahren, bei dem ein Überschuss an Maßlösung zur Probelösung hinzugegeben wird. Der Teil an Maßlösung, der nicht mit dem Analyten reagiert, wird mit einer anderen Maßlösung zurücktitriert. Aus der Differenz aus zugesetzter und zurücktitrierter Maßlösung lässt sich der Analytgehalt ermitteln.
Schellbachstreifen	Senkrechter Farbstreifen, der bei volumetrischen Bestimmungen an der Phasengrenze gasförmig/flüssig optisch eingeschnürt wird und somit die Ablesegenauigkeit des Meniskus an der Bürette verbessert.

Stoffmengenkonzentration, Molarität Quotient aus der Stoffmenge *n* eines gelösten Stoffes und dem Volumen *v* der Lösung, Formelzeichen ist *c*, Einheit mol/L.

Titer Korrekturfaktor, um die genaue Konzentration einer Maßlösung zu berechnen. Der Titer ist der Quotient aus der tatsächlichen und der angestrebten Konzentration.

Titration Vorgang, bei dem dem in Lösung vorliegenden Analyten aus einer Bürette soviel einer Maßlösung zugetropft wird, bis der Äquivalenzpunkt der Reaktion erreicht ist.

Titrationskurve Hilfsmittel zur grafischen Darstellung des Prozesses einer Titration.

Universalindikator Indikator in der Neutralisationstitration, der einen sehr großen pH-Bereich abdeckt. Meistens eine Mischung von pH-Wert-abhängigen Indikatoren.

Urtitersubstanz Chemisch reinste Substanz, die an der Luft unbegrenzt haltbar ist und deren Eigenschaften sich nicht verändern. Mit ihr wird die genaue Konzentration von Maßlösungen bestimmt, z. B. Na_2CO_3, NaCl.

6.2.2 Gravimetrie

Exsikkator Bei Bruch abgesichertes, dickwandiges, vakuumfestes Glasgefäß, das mit einem mit Planschliff versehenen Deckel verschlossen wird. Wird zum Feuchtigkeitsentzug vorgetrockneter Substanzen eingesetzt. Hierfür wird das Gefäß mit Trockenmittel, z. B. Phosphorpentoxid, ausgestattet und evakuiert.

Fällung Chemische Reaktion mit einem Fällungsreagenz, dadurch wird die Löslichkeit stark herabgesetzt, sodass ein Stoff aus der Lösung ausgefällt wird.

Fällungsform Definierte chemische Verbindung, die bei gravimetrischen Analysen ausfällt. Nur wenn die Fällungsform nicht stabil ist oder keine genau definierte Zusammensetzung hat, muss sie ▷

zur gravimetrischen Auswertung durch geeignete Maßnahmen in die Wägeform überführt werden, ansonsten ist die Fällungsform gleich Wägeform.

Fällungsmittel	Chemische Verbindung, die bei gravimetrischen Analysen eingesetzt wird und mit dem zu analysierenden Stoff eine im vorliegenden Medium schwerlösliche Verbindung bildet.
Fällungsreaktion	Einer gravimetrischen Analyse zugrunde liegende Reaktion.
Glasfiltertiegel, Fritte	Laborgerät zur Trennung von Suspensionen.
Gravimetrie	Nasschemische, quantitative Analysenmethode, bei der Ionen oder Moleküle gefällt, abfiltriert, gewaschen, getrocknet und gegebenenfalls geglüht werden.
Löslichkeitsprodukt	Produkt der Stoffmengenkonzentrationen der Ionen in einer gesättigten Lösung. Bei Überschreitung des Löslichkeitsprodukts fällt solange Salz aus, bis die Konzentrationen der gelösten Ionen wieder dem Löslichkeitsprodukt entsprechen. Das Löslichkeitsprodukt ist abhängig von Temperatur und Lösemittel.
Muffelofen	Bezeichnung für kleine elektrisch beheizte, keramisch ausgekleidete Öfen im Labor, in denen Temperaturen bis zu 1400 °C erreicht werden können.
Wägeform	Bei der gravimetrischen Analyse müssen die Niederschläge, um sie auswägen und berechnen zu können, in einem stabilen und stöchiometrisch eindeutig definierten Zustand vorliegen. Dieser Zustand kann durch Trocknen oder Glühen der Niederschläge erreicht werden.

7 Instrumentelle Analytik

7.1 Spektroskopie

Ablenkradius Derjenige Radius, mit dem ein geladenes Teilchen in einem Massenspektrometer aufgrund seiner Masse durch die Einwirkung eines Magnetfelds abgelenkt wird.

Abschirmung Die Abschirmung eines Kerns ist verantwortlich und charakteristisch für die chemische Verschiebung des Kerns im NMR-Spektrum. Die Abschirmung ergibt sich als Summe aus Resonanzeinflüssen durch kernnahe und kernferne Elektronen sowie benachbarter Molekülstrukturen.

Absorption Aufnahme von elektromagnetischer Strahlung beim Durchgang durch Materie, wobei ein Teil der Strahlungsenergie in andere Energieformen, z. B. Wärme, umgewandelt wird.

Absorptionsbande Wellenlängenintervall, in dem die elektromagnetische Strahlung einer Strahlungsquelle auf dem Weg zum Empfänger selektiv absorbiert wird. Das ursprünglich kontinuierliche Spektrum kommt deshalb mit dunklen Lücken beim Empfänger an.

Absorptionskurve Diagramm, in dem das Absorptionsmaß gegen die Wellenlänge für einen speziellen Stoff aufgetragen ist. Hieraus lässt sich das Absorptionsmaximum ablesen.

Absorptionsspektroskopie Verfahren zur Bestimmung der Spektren von Gasen, Flüssigkeiten oder von Festkörpern auf Basis der Messung ihrer Absorption. Dabei wird Licht beim Durchgang durch das jeweilige Medium absorbiert.

Absorptionsspektrum Spektrum, das entsteht, wenn ein in einen Strahlengang gebrachter Stoff aus einem kontinuierlichen Spektrum die für ihn charakteristischen Wellenlängen absorbiert.

Absorptionsvermögen, Absorptionsgrad Der Teil des Lichts, der von einer Fläche oder einer Lösung absorbiert wird.

Amplitude
Größter Ausschlag eines Schwingungsvorgangs.

Angeregter Zustand
Energieniveau mit einem Energieinhalt größer als der Grundzustand. Ist grundsätzlich nicht stabil, dies erklärt unter Anderem die Flammenfärbung. Eine Sonderform sind metastabile Zustände, in denen sich Molekülstrukturen durch Umlagerungen oder Abschirmungen in höheren Energieniveaus stabilisieren lassen.

Anisotropie
Liegt vor, wenn eine Eigenschaft oder ein Vorgang richtungsabhängig ist, z. B. ist Laserlicht anisotrop.

Atomabsorptionsspektroskopie, AAS
Methode zur quantitativen und qualitativen Analyse von Metallen und Halbmetallen. Der Analyt wird entweder in einer Gasflamme oder in einem Graphitrohrofen atomisiert. In atomarer Form absorbiert der Analyt das eingestrahlte Licht einer bestimmten Wellenlänge. Der Intensitätsverlust des eingestrahlten Lichtes ist der Analytkonzentration direkt proportional.

Atomemissionsspektroskopie, AES
Methode zur quantitativen oder qualitativen Erfassung der von angeregten Atomen ausgehenden Emissionsstrahlung, bei der die in der zu analysierenden Probe gebunden vorliegenden Atome mithilfe eines Plasmas in den atomaren Zustand überführt und zur Aussendung ihres charakteristischen Linienspektrums angeregt werden.

Atomisierungsenergie, Atomisierungsenthalpie
Energie in kJ, die benötigt wird, um ein Element E_x in 1 mol seines atomaren Zustandes zu überführen.

Atomspektrum
Charakteristische Spektralresonanz von Atomen. Elektronen auf den äußeren Bahnen der Atomhülle lassen sich durch Energieaufwand kurzfristig auf ein höheres, definiertes Energieniveau anregen. Bei der Rückkehr in den Grundzustand wird diese Energie in Form von Licht konkreter Wellenlänge wieder abgegeben. Diese Spektrallinien sind für jedes Element charakteristisch, z. B. Natrium: gelbe Doppellinie bei 589,3 nm.

Auflösungsvermögen
Unterscheidbarkeit feiner Strukturen, kleinster, noch wahrnehmbarer Abstand zweier Punkte.

Austrittsspalt, Eintrittsspalt
Teile eines Gittermonochromators in einem Spektrometer. Am Eingang des Monochromators befindet sich ein Spalt, dessen Breite verstellbar ist. Das einfallende Licht wird auf ein verstellbares Reflexionsgitter geleitet und je nach eingestellter Wellenlänge lässt der Austrittsspalt nur das Licht dieser Wellenlänge an der entsprechenden Position wieder austreten.

Auxochrom
Funktionelle Gruppe in Farbstoff-Molekülen, die das Absorptionsmaximum einer bereits vorhandenen färbenden Gruppe (Chromophor) verschiebt und dadurch eine Farbänderung hervorruft.

Background, Referenz
Messung der Intensität I_0 einer Referenzsubstanz ohne Probe zur Berechnung des Transmissions- oder Absorptionsspektrums einer Probe.

Bandenspektrum
Spektrum elektromagnetischer Strahlung aus vielen nebeneinander liegenden oder sich überlappenden Spektrallinien.

Basispeak
Größter Peak in der Massenspektrometrie, wird auf 100 % gesetzt. Die anderen Peaks werden entsprechend ihrer Größe dem Basispeak angepasst. Basispeak kann auch der Molekülpeak bei geringer Fragmentierung sein, weil er bei der Fragmentierung bevorzugt gebildet wird.

Bathochromer Effekt, Rotverschiebung
In der UV-VIS-Spektroskopie beobachteter Effekt, wenn Absorptionsbanden aufgrund von sterischen, induktiven oder mesomeren Einflüssen zum langwelligen Bereich hin verschoben werden.

Beschleunigungsspannung
Im Massenspektrometer angelegte Spannung, mit der elektrisch geladene Teilchen beschleunigt und damit auf eine hohe Geschwindigkeit gebracht werden.

Beugungsgitter
Bestehen aus einer großen Zahl von Längsstrukturen in gleichmäßigem Abstand. Sie werden u. a. in Monochromatoren oder ▷

Spektrometern eingesetzt, um aus dem Spektrum des Lichts selektiv Licht bestimmter Wellenlänge herauszufiltern.

Boltzmann-Konstante

In der Physik eine Naturkonstante, $k = 1{,}38 \cdot 10^{-23}$ J/K, die die mittlere Bewegungsenergie von Teilchen in einem Gas in Bezug zur Temperatur des Gases setzt. Mithilfe der Boltzmann-Konstante lässt sich die mittlere kinetische Energie von Gasmolekülen als Funktion der absoluten Temperatur angeben.

Chemische Äquivalenz

Kerne eines Moleküls sind für die NMR-Spektroskopie chemisch äquivalent, wenn sie durch eine Symmetrieoperation ineinander überführt werden können oder wenn sie durch eine schnelle intramolekulare Bewegung im Zeitmittel identisch werden.

Chemische Ionisation

Ionisierungsmethode in der Massenspektrometrie, bei der in den Probenvorbereitungsraum ein Gas (z. B. Isobutan oder Methan) zugeführt wird, das durch Elektronenstoß-Ionisation angeregt/ionisiert wird. Die aus dem Gas gebildeten Ionen reagieren dann mit dem eigentlichen Analyten und ionisieren ihn.

Chemische Verschiebung

In einem NMR-Spektrum bezeichnet man damit den Abstand einer Resonanzlinie von der eines willkürlich festgelegten Standards. Als Standard hat sich Tetramethylsilan (TMS) eingebürgert. Aus der chemischen Verschiebung lassen sich molekülcharakteristische Strukturinformationen ableiten. Das Formelzeichen ist δ. δ ist dimensionslos.

Chromophor

Teil eines Moleküls, in dem anregbare Elektronen lokalisiert sind. In organischen Molekülen ist dies meist der Bereich von konjugierten Doppelbindungen.

Deformationsschwingung

Sind Schwingungen (Oszillationen) von innerhalb eines Moleküls gebundenen Atomen, bei denen sich die Bindungswinkel verändern. Man unterscheidet zwischen Deformationsschwingungen, die in einer Ebene schwingen und solchen, die aus der Ebene heraus schwingen.

Detektor Registriert die Strahlungsintensität der von der Probe durchgelassenen elektromagnetischen Strahlung.

Deuteriumlampe Niederdruckentladungslampe mit schwerem Wasserstoff (Deuterium) als Füllgas, mit einem fast kontinuierlichen Spektrum vom UV- bis zum sichtbaren Spektralbereich. Sind daher ideale Lichtquellen für hochpräzise Absorptionsmessungen.

D-Linie Die gelbe Doppellinie bei $\lambda = 589{,}3$ nm von angeregtem Natriumdampf.

Drehimpuls Physikalische Größe, die die Drehbewegung beschreibt. Ergibt sich aus dem Trägheitsmoment und der Winkelgeschwindigkeit. Formelzeichen ist L, Einheit ist $kg \cdot m^2 \cdot s^{-1}$.

Dublett Bezeichnung für zwei eng beieinander liegende Teilsignale, die durch Aufspaltung eines Einzelsignals entstanden sind, z. B. Doppellinie des Natriums. In der NMR-Spektroskopie kommt diese Aufspaltung durch Spin-Spin-Kopplungen, d. h. durch gegenseitige Beeinflussung benachbarter Kerne, zustande.

Elektromagnetische Strahlung Eine sich mit Lichtgeschwindigkeit ausbreitende Schwingung elektrischer und magnetischer Felder.

Elektromagnetische Wellen Elektromagnetische Schwingungen, die sich räumlich ausbreiten, bestehend aus gekoppelten elektrischen und magnetischen Feldern, z. B. sichtbares Licht, UV-Strahlen.

Elektromagnetisches Spektrum Gesamtheit aller elektromagnetischen Schwingungen.

Elektronenanregung Vorgang, bei dem Elektronen eines betrachteten Atoms mittels einer definierten Energieportion auf ein gegenüber dem Grundzustand konkretes, höheres Energieniveau angehoben werden.

Elektronenstoß-Ionisation, Elektronenbeschuss Ionisierungsmethode in der Massenspektrometrie, bei der die Probensubstanz mit energiereichen Elektronen beschossen wird. Dabei entstehen primär positiv geladene Fragmente.

Elektrospray-Ionisation

Ionisierungsmethode in der Massenspektrometrie, bei der die Substanzlösung in eine Kammer gesprüht und mit einem Gas im Gegenstrom getrocknet wird. Anschließend wird ein Potenzial von mehreren Kilovolt angelegt, was dazu führt, dass geladene Substanztröpfchen entstehen, die im elektrischen Feld zur eigentlichen Analyse-Einheit transportiert werden.

Entkopplung

Die Spin-Spin-Kopplung magnetisch nicht äquivalenter Kerne führt zur Aufspaltung der Resonanzsignale. Um komplexe Multipletts zu verhindern, wird durch ein weiteres Signal eine Doppelresonanz durchgeführt, die entkoppelnd wirkt. Dadurch können die konkreten Resonanzen der einzelnen Kerne sichtbar gemacht werden.

Extinktion

Der negative dekadische Logarithmus des Verhältnisses der Lichtintensitäten nach und vor dem Absorptionsvorgang:
$E = -\lg (I/I_0)$.

Feld-Desorption

Ionisierungsmethode in der Massenspektrometrie, bei der hohe elektrische Felder zum Einsatz kommen. In diesem Feld desorbiert die feste, auf einen Draht aufgetragene Probe positive Ionen und wird massenspektrometrisch analysiert.

Feld-Ionisation

Ionisierungsmethode in der Massenspektrometrie, bei der extrem starke elektrische Felder (10^9 bis 10^{10} V/m) Anwendung finden. Hierbei werden Gase an zahlreichen Emitterspitzen durch Herauslösen von Elektronen ionisiert.

Fermi-Resonanz

Liegt dann vor, wenn eine Ober- oder Kombinationsschwingung (Summe aus mehreren Normalschwingungen) zufällig die gleiche Frequenz wie eine Normalschwingung besitzt. Im IR-Spektrum treten diese beiden Schwingungsarten dann aber nicht bei gleicher Frequenz auf, sondern trennen sich auf. Eine Unterscheidung von Ober- oder Kombinationsschwingung und Normalschwingung ist nicht mehr möglich.

Festkörper-NMR-Spektroskopie
Magnetische Kernspinresonanzspektroskopie zur lokalen Strukturaufklärung. Es können Informationen zu Bindungswinkeln, Atomnachbarschaften und lokalen Symmetrien gewonnen werden.

Fingerprint-Region
Bereich eines IR-Spektrums, in dem Banden auftreten, die nicht speziell einer funktionellen Gruppe zugeordnet werden können, sondern charakteristisch für das Molekül im Ganzen sind. Dies entspricht dem Wellenzahlen-Bereich kleiner 1500 cm^{-1}.

Flammenfotometer
Gerät zur Bestimmung der Konzentration von gelösten Alkali- und Erdalkalimetallen durch Lichtmessung in der Flamme. Die Probelösung wird über einen Zerstäuber in die Flamme geleitet. In der Flamme werden die Atome angeregt, senden Licht aus und die Flamme verfärbt sich. Über einen Monochromator wird die charakteristische Wellenlänge für den zu quantifizierenden Analyten ausgewählt. Das emittierte Licht ist der Analytkonzentration proportional.

Flugzeit-Massenspektrometrie, Time-of-Flight-Massenspektrometrie
Bei dieser Art der Massenspektrometrie nutzt man die Tatsache aus, dass Ionen beim Eintritt in den Analysator alle die gleiche Energie haben, somit bewegen sich leichte Ionen schneller, sie unterscheiden sich demnach nur durch ihre massenabhängige Flugzeit. Die Flugzeiten verhalten sich hierbei in quadratischer Abhängigkeit vom m/z-Verhältnis der Fragmente.

Fluoreszenz
Rasche Energie- und Lichtabgabe angeregter Moleküle beim Übergang in den Grundzustand.

Fluoreszenzspektroskopie
Sammelbegriff für alle spektralen Methoden, die die Fluoreszenzeigenschaften von Analyten ausnutzen.

Fotodetektor
Detektion, die auf der Änderung der elektrischen Leitfähigkeit von Halbleitern basiert. Verwendung von Halbleiterbauelementen, z. B. Fotowiderstände, Fotodioden.

Fotometrie

Verfahren zur Konzentrationsbestimmung einer Substanz, bei dem gemessen wird, wie diese Substanz die Intensität elektromagnetischer Strahlung schwächt. Zur Messung befindet sich die gelöste Substanz in einer aus Kunststoff, Glas oder Quarzglas bestehenden Küvette, durch die monochromatisches Licht aus dem UV/VIS-Bereich gesendet wird.

Fotomultiplier

Gerät, mit dem auch schwache Lichtintensitäten erfasst werden können. Die Wirkung beruht auf der Vervielfachung von Elektronen durch einen Sekundärelektronenvervielfacher.

Fotowiderstand

Lichtabhängiger Widerstand aus einer amorphen Halbleiterschicht.

Fragmentierung

Teilung eines Moleküls in kleine Bruchstücke.

Fragmentierungsmechanismus

Hierbei werden in der Massenspektrometrie nicht nur die Fragmente der untersuchten Substanz betrachtet, sondern insbesondere der innermolekulare Mechanismus ihres Entstehens.

Frequenz

Anzahl von Schwingungen pro Sekunde.

FT-IR-Spektrometer

Die Technik mit dem FT-IR-Spektrometer ist eine Weiterentwicklung der IR-Spektroskopie. Hierbei werden alle Frequenzen eines IR-Spektrums simultan erfasst. Ein zeitaufwändiger Wellenlängen-Scan ist nicht mehr nötig. Über eine mathematische Operation (Fourier-Transformation) werden die Simultanmessungen abschließend in ein gewöhnliches Spektrum umgerechnet.

GC/MS-Kopplung

Hintereinanderschaltung einer gaschromatischen und einer massenspektrometrischen Analyse. Zuerst wird ein Stoffgemisch nach den Gesetzen der Gaschromatografie getrennt, anschließend werden die bereits getrennten Substanzen separat voneinander einer massenspektrometrischen Analyse unterworfen. Dies führt auch bei komplexen Proben zu detaillierten Analyseergebnissen.

Gerüstschwingung Charakteristische Normalschwingungen (Fingerprint) eines Molekülgerüsts, die im IR-Spektrum spezifische Banden liefern.

Glühkatode Ionisierungseinheit in der Massenspektrometrie. Elektrode in Elektronenröhren, ermöglicht durch Glühemission einen Elektronenstrom.

Grundschwingung Schwingung, die allgegenwärtig ist und nicht von induzierten Schwingungen der untersuchten Probe herrührt.

Halbwertsbreite Bei Peaks der Abstand zwischen denjenigen beiden Punkten, an denen die Messwerte die Hälfte des Maximalwerts betragen. Man spricht auch von der Breite auf halber Höhe eines Maximums.

Hohlkatodenlampe Erzeugt das Emissionsspektrum des zu bestimmenden Elements. Die sich im Strahlengang befindenden freien (zu bestimmenden) Atome absorbieren im Bereich der Resonanzlinie.

HOMO Highest Occupied Molecular Orbital. Bezeichnet in der Elektronenkonfiguration von Atomen das energetisch höchste, doppelt besetzte Orbital. Vom HOMO aus werden Elektronen in das nächste unbesetzte Orbital (LUMO) angeregt.

Homotopie Liegt bei Molekülgruppen vor, die chemisch äquivalent sind und in der NMR-Spektroskopie pro Kern nur ein einziges Signal zeigen.

Hookesches Gesetz Besagt, dass die Deformation elastischer Stoffe proportional der Krafteinwirkung ist. Das Gesetz ist u. a. Grundlage für die IR-Spektroskopie.

Hydridtechnik Verfahren der Atomabsorptionsspektroskopie, das auf Messung der Absorption gasförmiger Metallhydride beruht. Dieses Verfahren eignet sich für Metalle, die sich mit naszierendem Wasserstoff in gasförmige Hydride überführen lassen, z. B. Sb, Ar, Se, Te, Bi und Sn.

Hyperchromer Effekt Intensitätserhöhung von Banden oder Signalen in Spektren.

Hypsochromer Effekt, Blauverschiebung
In der UV-VIS-Spektroskopie beobachteter Effekt, wenn Absorptionsbanden aufgrund von sterischen, induktiven oder mesomeren Einflüssen zum kurzwelligen Bereich hin verschoben werden.

ICP
Inductively Coupled Plasma, induktiv gekoppeltes Plasma. Methode zur Quantifizierung von Metallen und Nichtmetallen unter Verwendung eines bis zu 10 000 Kelvin heißen Plasmas zur Anregung der optischen Emission der zu analysierenden Elemente. Die von den dadurch angeregten Atomen ausgesendete Emissionsstrahlung wird quantitativ erfasst und ist der Analytkonzentration direkt proportional.

Infrarot-Spektrum
Ein für im Wellenbereich des Infrarot-Lichts (780 nm bis 500 µm) absorbierende Substanz charakteristisches Spektrum.

Intensität
Maß für die Stärke eines Ausschlags oder Signals.

Interferenz
Wechselwirkung.

Interferometer
Gerät, das für die Messung von Überlagerungen von Lichtwellen (Interferenzen) eingesetzt wird.

IR-Spektroskopie
Infrarot-Spektroskopie, physikalisches Analyseverfahren, das mit infrarotem Licht arbeitet. Methode der Molekülspektroskopie, die die qualitative und quantitative Bestimmung von Substanzen ermöglicht.

Isotopenmuster
Charakteristisches Intensitätsmuster (Linienfolge) in einem Massenspektrum, das auf der unterschiedlichen Häufigkeit der Isotope eines Elements beruht. Aus dem Isotopenmuster kann man auf die Anzahl der Isotope eines Elements schließen.

Isotopenpeak
Im Massenspektrum ein Peak geringerer Intensität, der neben dem Molekülpeak als Begleiter entsteht, da die meisten Elemente aus einem Isotopengemisch bestehen.

Isotropie
Liegt vor, wenn eine Eigenschaft oder ein Vorgang richtungsunabhängig ist, z. B. ist Sonnenlicht isotrop.

Jablonski-Termschema Darstellung der durch elektromagnetische Strahlung verursachten Übergänge vom Grundzustand in den Schwingungszustand eines Moleküls.

Kaltdampftechnik Verfahren der AAS zur Messung von Quecksilber. Der Aufbau entspricht der Hydrid-Technik. Durch Einleitung von $SnCl_2$ in die Probe kommt es zur Bildung elementaren Quecksilbers. Der hohe Dampfdruck des Quecksilbers ermöglicht die Messung bereits bei Zimmertemperatur.

KBr-Pressling Probenvorbereitung für feste Proben zur IR-spektroskopischen Analyse, dabei wird die mit der IR-Spektroskopie zu untersuchende Probe mit Kaliumbromid gemischt und unter Vakuum gepresst. Der dabei entstehende Pressling ist transparent und kann dann mithilfe eines IR-Spektrometers analysiert werden.

Kernspin, Kernspinquantenzahl, Richtungsquantenzahl Gibt den Gesamtdrehimpuls des Atomkerns an. Setzt sich aus dem Spin der einzelnen Protonen und Neutronen zusammen.

Komplementärfarbe Farbe, die gemischt mit der Ursprungsfarbe immer einen Grauton ergibt. Liegt auf dem Farbkreis der Ursprungsfarbe direkt gegenüber. Komplementärfarben sind verantwortlich für optische Täuschungen, z. B. bei Waschmitteln. Anwendung in der Fotometrie, gefärbte Lösungen absorbieren Licht der Wellenlänge ihrer Komplementärfarbe am besten (beim Absorptionsmaximum wird die beste Empfindlichkeit erreicht).

Küvette Laborgerät, in das Lösungen zur Messung in Spektrometern eingefüllt werden.

Küvettentechnik Technik, mit der flüssige Proben in der IR-Spektroskopie analysiert werden. Man unterscheidet dabei Festküvetten und zerlegbare Küvetten, das Auftragen der Probe erfolgt tropfenweise.

Lambert-Beersches Gesetz Besagt, dass die Schwächung von monochromatischem Licht durch ein absorbierendes Medium proportional zur Konzentration c der absorbierenden Teilchen und der Schichtdicke d des absorbierenden Mediums ist, $E = \varepsilon \cdot c \cdot d$.

Laser-Technik
Laser (Light Amplification by Stimulated Emission of Radiation) beinhaltet alle Techniken, bei denen eine Lichtverstärkung durch eine stimulierte Emission von Strahlung erfolgt. Es handelt sich um eine künstlich gerichtete Strahlungsquelle.

LC/MS-Kopplung
Hintereinanderschaltung einer flüssigchromatografischen und einer massenspektrometrischen Analyse. Zuerst wird ein Stoffgemisch nach den Gesetzen der Flüssigchromatografie getrennt, anschließend werden die bereits getrennten Substanzen separat voneinander einer massenspektrometrischen Analyse unterworfen. Dieses Vorgehen führt auch bei komplexen Proben zu detaillierten Analyseergebnissen.

Lichtgeschwindigkeit
Ausbreitungsgeschwindigkeit des Lichts und anderer elektromagnetischer Wellen, Formelzeichen *c*, Einheit m/s. Die Geschwindigkeit des Lichtes im Vakuum ist eine Naturkonstante und die größtmögliche Geschwindigkeit, mit der sich eine Ursache ausbreiten kann. *c* hat dann einen Wert von 299 792,458 m/s.

Lichtquant, Photon
Lichtteilchen, das den kleinsten Betrag elektrischer Energie bei einer bestimmten Wellenlänge oder Frequenz besitzt.

Linear polarisiertes Licht
Licht, das seine Schwingungsrichtung im Raum stets beibehält, dabei ändert sich der elektrische Vektor periodisch in seinem Betrag.

Linienspektrum
Jedes angeregte Gas aus Elementatomen sendet bei der Rückkehr in den Grundzustand Energie definierter Größe, entspricht Licht definierter Wellenlänge, aus. Im Farbspektrum sind daher konkrete Linien zu erkennen. Elementspezifische Eigenschaft.

Lumineszenz
Lichterscheinung, mit der man Fluoreszenz und Phosphoreszenz unterscheidet.

LUMO
Lowest Unoccupied Molecular Orbital. Bezeichnet in der Elektronenkonfiguration von Atomen das energetisch tiefste, unbesetzte Orbital. Dorthin werden Elektronen aus dem nächsten energieärmeren, vollbesetzten Orbital (HOMO) angeregt.

m/z-Skala

Die x-Achse in einem Diagramm zur Auswertung von massenspektrometrischen Analysen. Dort werden die Fragmente entsprechend ihrem Verhältnis von Masse zu Ladung (m/z) aufgetragen. Auf der y-Achse wird die Intensität der Signale aufgetragen.

Magnetische Äquivalenz

Chemisch äquivalente Kerne sind magnetisch äquivalent, wenn sie jeweils die gleichen Kopplungskonstanten zu allen Kernen aller anderen Teilsysteme zeigen.

MALDI

Matrix assistierte Laserdesorption/-ionisation (Matrix Assisted Laser Desorption Ionisation). Ionisierungsmethode in der Massenspektrometrie, bei der die zu untersuchende Substanz mit einem kurzen Laserimpuls unter Verwendung einer Matrixsubstanz verdampft und ionisiert wird.

Massen-Defekt

Bezeichnet in der Kernphysik den Unterschied zwischen der tatsächlich gemessenen Masse eines Atomkerns und der stets größeren Summe der Einzelmassen der in ihm enthaltenen Nukleonen. Ebenso ist die Summe der Atomkernmasse und der Elektronenmassen in einem neutralen Atom größer als die gemessene Masse des neutralen Atoms.

Massenspektrometrie

Verfahren, bei dem die Moleküle durch Elektronenbeschuss ionisiert und zum Teil fragmentiert und umgelagert werden. Die entstandenen Ionen werden in einem elektrischen Feld beschleunigt und nach ihrem Masse/Ladungsverhältnis aufgetrennt. Die Methode wird vorwiegend bei der Bestimmung der Struktur und der Molmasse von organischen Verbindungen und bei der Ermittlung von Isotopenverhältnissen eingesetzt.

Messsignal

Eingangs- und Ausgangsgröße werden durch eine physikalische Größe gleicher oder anderer Art dargestellt.

Molekülpeak

Peak des einfach geladenen Moleküls, meist der letzte größere Peak im Massenspektrum, der die Molekülmasse der zu untersuchenden ▷

Substanz liefert. Ist in der Intensität abhängig von der Substanzgruppe und der Stoßspannung.

Monochromatisches Licht Licht einer Wellenlänge (Frequenz).

Monochromator Optisches Gerät zur spektralen Isolierung einer Wellenlänge aus einer einfallenden Menge elektromagnetischer Strahlung. Einsatz als Prisma zur Lichtbrechung, als Gitter zur Beugung oder als Filter zur Absorption.

Moving-Belt-Methode Aufarbeitungsmethode für Substanzen, die über eine LC/MS-Kopplung analysiert werden. Bei dieser Methode werden die mit LC voruntersuchten Proben auf einem rotierenden Endlosband getrocknet, verdampft und für das Massenspektrometer ionisiert.

MS/MS-Kopplung Hintereinanderschaltung von zwei getrennten massenspektrometrischen Untersuchungen. Die Ergebnisse der ersten Untersuchung fließen als Ausgangswerte in die zweite Untersuchung ein.

Multiplett Überbegriff für alle Mehrfachsignale in der NMR-Spektroskopie.

Mutterion, Vorläuferion Ion in einem metastabilen Zustand, der bei einem Ion nach dem Verlassen der Ionisierungsquelle eines Massenspektrometers spontan oder durch Stoßaktivierung entsteht.

Nephelometrie Optisches Analyseverfahren zur quantitativen Bestimmung fein verteilter kolloidaler Teilchen in Flüssigkeiten und Gasen. Anwendung zur Trübungsmessung in der Umwelttechnik.

Nernst-Stift Lichtquelle in der IR-Spektroskopie, die ständig den zur Anregung von Molekülschwingungen erforderlichen Frequenzbereich emittiert.

NMR-Spektroskopie, Kernresonanzspektroskopie Nuclear magnetic resonance, magnetische Kernresonanz. Spektroskopie, die auf der Umkehr des Kernspins und der dabei aufgenommenen Energie beruht. Durch Einwirkung eines starken Magnetfelds und Radiowellen auf den Kern kann die energieärmere Form des ▷

Kernspins in den energetisch höherwertigen Zustand überführt werden. Die dabei aufgenommene Radiowelle konkreter Energie wird gemessen. Die Strukturbestimmung wird darüber hinaus durch Abschirmung, Freilegung durch und/oder Kopplung mit anderen Kernen beeinflusst.

Nullabgleich

Verfahren, bei dem das Messsignal vor der Analytmessung auf Null gesetzt wird, um alle nicht zum Analyten gehörenden Signale zu kompensieren. Dazu wird in der Spektroskopie eine so genannte Nulllösung, die alle Bestandteile der Analytlösung außer dem Analyten selbst enthält, gemessen.

Oszillator

Schwingungsfähiges System, bei dem ein oder mehrere Werte in gleichen Zeitabständen dieselben Werte annehmen, dabei werden periodische Bewegungen um einen Nullpunkt durchgeführt.

Peak

Ein plötzlicher Anstieg und Abfall (Ausschlag) des Messsignals über dem Grundrauschen des Signals.

Phosphoreszenz

Längerfristige Energie- und Lichtabgabe angeregter Moleküle beim Übergang in den Grundzustand.

Plancksches Wirkungsquantum

Fundamentale Naturkonstante in der Quantenphysik, die Teilchen- und Welleneigenschaften verbindet. Gibt das Verhältnis von Energie und Frequenz eines Teilchens oder Lichtquants an. Formelzeichen ist h, der Wert beträgt $h = 6{,}63 \cdot 10^{-34}$ J · s.

Plasma

Wird auch als vierter Aggregatzustand bezeichnet. Teilweise ionisiertes Gas, das einen nennenswerten Anteil freier Ladungsträger, wie Ionen oder Elektronen besitzt. Plasma ist nach außen ungeladen. Es wird eingesetzt, um unreaktive Substanzen in elektrisch geladene, reaktive Moleküle zu verwandeln. Zeichnet sich zudem durch ein typisches Leuchten aus, das durch Strahlenemission angeregter Teilchen verursacht wird.

Quadruplett

Begriff aus der Auswertung einer Spin-Spin Kopplung in der NMR-Spektroskopie. Das Signal kann einem Kern mit einer Nachbargruppe, bestehend aus drei Protonen, zugeordnet werden. Die Intensitäten der vier Peaks verhalten sich 1:3:3:1.

Quadrupol-Massen-Analysator

Wird in der Massenspektrometrie zur Ionentrennung eingesetzt. Die Trennung erfolgt durch Ablenkung der Massen in elektrischen Feldern, die zwischen vier parallel angeordneten Metallstäben, von denen die gegenüberliegenden jeweils elektrisch miteinander verbunden sind, erzeugt werden. Abhängig von ihren Massen werden selektiv nur bestimmte Ionen durch das elektrische Feld gelenkt und erreichen den Detektor. Andere Massen werden ausgeblendet.

Quantensprung

Hypothetische Annahme der frühen Quantenphysik. Sprunghafter Übergang eines Systems aus einem Quantenzustand in einen anderen. Dabei sind keine Zwischenzustände zu beobachten. Quantensprünge sind demnach die kleinstmöglichen Zustandsänderungen in quantisierten Systemen.

Raman-Spektrum

Basiert auf der Tatsache, dass monochromatisches, sichtbares Licht von echten Lösungen oder reinen Flüssigkeiten gestreut wird. Misst man spektroskopisch die Frequenzen des Streulichts senkrecht zur Einfallsebene des monochromatischen Lichts, so erhält man je nach Wellenlänge des Ursprunglichts charakteristische Spektren.

Relaxation

Entspannung. Stabile physikalische Systeme kehren nach einer äußeren Störung in den Ausgangszustand zurück. Der Effekt, dass ein angeregtes Spinsystem thermische Energie an ein Kristallgitter abgibt, wird in der Spektroskopie genutzt.

Röntgenstrahlung

Elektromagnetische Strahlung mit einer Wellenlänge zwischen 10^{-8} m und 10^{-12} m. Liegt im elektromagnetischen Spektrum zwischen ultraviolettem Licht und der Gammastrahlung.

Schrödinger-Gleichung Beschreibt die zeitliche Veränderung eines quantenmechanischen Zustands. Bildet das Fundament für fast alle praktischen Anwendungen der Quantenmechanik. Die Lösungen der Gleichung werden Wellenfunktion genannt.

Schulter Im Absorptionsspektrum eine schulterähnliche Darstellung eines Absorptionspeaks.

Schwingung Allgemein eine sich zeitlich wiederholende Zu- und Abnahme einer physikalischen Größe. Bezogen auf Molekülbindungen ist die physikalische Größe der Abstand zwischen den Atomrümpfen. Durch Anregung von außen geraten die Atomrümpfe in Schwingung, die Bindungslänge nimmt dadurch periodisch zu bzw. ab.

Schwingungsenergie Energieeinflüsse auf bestehende Bindungsverhältnisse in Atomen oder Molekülen, wodurch sich sowohl die kinetische als auch die potenzielle Energie ständig ändern.

Spektrum Ergebnis der Messwertverteilung einer Messgröße in Abhängigkeit von der Wellenlänge oder der Frequenz.

Spin-Spin-Kopplung In der NMR-Spektroskopie die Wechselwirkung zwischen benachbarten Atomkernen. Kann direkt durch den Raum oder indirekt durch die Bindungselektronen zwischen den Kernen auftreten.

Spurenanalyse Analyse sehr geringer Anteile eines Analyten in einer Gesamtprobe durch geeignete Analyseverfahren. Dabei handelt es sich um Gehaltsangaben im Mikrogrammbereich oder geringer.

Stoßkammer Bauteil in der Tandem-Massenspektrometrie. Ein Stoßgas wird eingespeist und durch gezielte Stöße den Ionen Energie zugeführt, um sie weiter zu fragmentieren.

Thermospray-Verfahren Ionisationstechnik für stark polare Substanzen. Massenspektrometer sind dabei mit HPLC-Geräten gekoppelt. Die Probelösung ▷

wird durch eine Stahlkapillare gepresst und in eine Verdampfungskammer weitergeleitet. Das Kapillarende wird erhitzt, die geladenen Teilchen werden abgelenkt und zur Katode geleitet, die ungeladenen Teilchen gelangen in eine Kühlfalle.

Transmission Größe für die Durchlässigkeit von elektromagnetischen Wellen (Licht) durch Materie.

UV/VIS-Spektroskopie Elektronenspektroskopie, die die elektromagnetischen Wellen des ultravioletten Lichts (UV) und des visuellen Lichts (VIS) zur Analyse von Stoffen nutzt, dabei werden Wellenlängen zwischen 200 nm und 800 nm genutzt.

Vakuum-UV-Spektroskopie Spektroskopie, die eine Anregung der Elektronen im Wellenlängenbereich von 100 nm–200 nm zulässt. Die benötigte Strahlung hierzu wird in einer Hochvakuumröhre erzeugt.

Wasserstofflampe Eine wechselstrombetriebene Gasentladungsröhre mit Wasserdampffüllung. Wasserstoffmoleküle werden durch einen Elektronenstrahl in angeregte Wasserstoffatome zerlegt, diese geben ihre Anregungsenergie in Form von elektromagnetischer Strahlung ab. Ein Teil dieser Strahlung liegt im sichtbaren Bereich des Lichts.

Wellenlänge Abstand von Wellental zu Wellental bzw. Abstand von Wellenberg zu Wellenberg, Formelzeichen λ, Einheit nm.

Wellenzahl Anzahl Schwingungen pro Strecke, Kehrwert der Wellenlänge, Formelzeichen $\tilde{\nu}$, Einheit nm^{-1}.

Wolfram-Halogen-Lampe Lichtquelle, die die Spektralemission von Analysegeräten im sichtbaren Bereich verbessert. Dabei verdampft Wolfram, schlägt sich an der Glaswandung nieder und kehrt bei der Abkühlung der Lampe wieder an den Draht zurück.

Zerfallsketten Darstellung der mittleren Lebensdauer von Nukliden in der Reihenfolge des radioaktiven Zerfalls.

Zweistrahl-Spektrometer Messgerät zur Quantifizierung von Analyten mittels Aufnahme von UV/VIS-Spektren. Die Wellenlängenselektion erfolgt über ein konkaves Gitter, ein rotierender Sektorenspiegel teilt Proben- und Referenzstrahl und schickt dabei abwechselnd das Licht durch Proben- und Referenzküvette. Beide Kanäle werden über einen Gitterspiegel wieder zusammengeführt. Ein Fotomultipler liest sie aus.

7.2 Chromatografie

Adsorbat Stoff nach erfolgter Anlagerung an der Oberfläche eines Feststoffes.

Adsorbens Festkörper, der die Stoffe an seiner Oberfläche bindet (adsorbiert).

Adsorptionschromatografie Verfahren, bei dem die stationäre Phase ein Adsorbens ist. Die chromatografische Trennung erfolgt durch wechselwirkende Adsorption und Desorption bis zur Gleichgewichtseinstellung. Das Verfahren ist abhängig von der Konzentration der Stoffe in der mobilen Phase, der Temperatur und vom Verhältnis Adsorbens zu adsorbierender Substanz.

Adsorptionsisotherme Funktion, die den Verlauf des Bedeckungsgrads in Abhängigkeit von Druck und Konzentration des Adsorptivs bei konstanter Temperatur im Gleichgewichtszustand beschreibt.

Adsorptiv Stoff, der durch Adsorption an der Oberfläche eines Feststoffs angelagert werden kann.

Auflösung Maß für die Trennbarkeit eines Gemischs unter Berücksichtigung der Peakbreite.

Aufstockmethode Neben der Analysenprobe wird auch eine mit einer definierten Menge Analyt aufgestockte Analysenprobe vermessen. Aus beiden Analysesignalen und der bekannten Aufstockmenge ergibt sich dann der Gehalt der Analysenprobe.

Äußeres Chromatogramm Zeitaufgelöste Messkurve eines Detektors, der das von der Trennsäule kommende Gemisch im Anschluss an die eigentliche chromatografische Trennung vermisst, d. h. das Trennergebnis entsteht außerhalb der Trennstrecke.

Auswerteeinheit	PC-System zur Aufnahme und Auswertung der Messdaten.
Autosampler	Automatisches Injektionssystem zur Probenaufgabe.
Bruttoretentionszeit, Retentionszeit	Gesamtaufenthaltszeit einer Substanz auf einer chromatografischen Trennstrecke. Durchlaufzeit vom Einspritzen der Probe bis zum Erreichen des Peakmaximums des Substanzpeaks.
Chemische Stabilität	Beständigkeit von Ionenaustauschern gegenüber pH-Wert-Änderungen und Oxidationsmitteln.
Chemisorption	Adsorption, die auf einer chemischen Veränderung beruht. Das Adsorbat wird durch stärkere chemische Bindungen an das Adsorbens gebunden, wobei das Adsorbens chemisch verändert wird.
Chromatografie	Physikalische Methode zur Stofftrennung durch unterschiedliche Aufteilung des zu trennenden Stoffgemischs zwischen einer stationären und einer mobilen Phase. Der Trennvorgang kann auf den Trennprinzipien der Adsorption, Verteilung, Größenausschluss, Affinität, Ionenaustausch oder -paarverteilung beruhen.
Chromatogramm	Grafische Darstellung der Messungen in der Chromatografie.
Chromophore Gruppen	Funktionelle Gruppen im Molekül, die farbig erscheinen.
DAD	Diodenarraydetektor, kann Lichtabsorptionen, die im Wellenlängenbereich von 180 nm–400 nm liegen, messen.
Desorption	Vorgang, bei dem Fremdatome genug Energie besitzen, um die Bindungsenergie zu überwinden. Dadurch können sie die Oberfläche eines Fremdkörpers verlassen und in eine andere Phase übergehen.
Detektor	Erkennt die Analyten einer Probe nach dem Verlassen der Trennsäule und gibt ein konzentrationsabhängiges Signal an die Auswerteeinheit weiter.

Drift

Kontinuierliche Veränderung der Geraden in eine Richtung, die das Rauschsignal umhüllen. Dabei wird die Drift eine halbe Stunde gemessen und dann auf eine Stunde extrapoliert.

Dünnschicht-chromatografie

Abkürzung DC, zwei Methoden:

- LSC, liquit/solid, die Trennung erfolgt auf Basis von Adsorptionsvorgängen.
- LLC, liquid/liquid, die Trennung erfolgt auf Basis von Verteilungsvorgängen.

Durchbruchszeit, Durchflusszeit

Zeit, die ein Elutionsmittel zum Durchfließen der Säule benötigt. Zeit für den unverzögerten Transport einer Substanz mit der mobilen Phase, ohne Wechselwirkungen mit der stationären Phase einzugehen.

ECD

Elektron Capture Detektor. Hochselektiver Detektor zur Analyse elektronegativer Analyten.

Elektrophorese

Chromatografisches Trennverfahren ionischer Verbindungen, bei dem elektrisch geladene Teilchen mit Hilfe einer angelegten elektrischen Spannung durch einen als Trägermaterial dienenden Stoff, z. B. Celluloseacetat oder Agarose-Gel, wandern und so aufgetrennt werden.

Eluat

Ein durch Elution herausgelöster Stoff.

Elution

Herauslösen eines Stoffes aus der stationären Phase mithilfe von Gasen oder Flüssigkeiten.

Elutionskraft

Das Vermögen eines Laufmittels, einen mit der stationären Phase in Wechselwirkung tretenden Stoff aus der stationären Phase zu lösen.

Elutionsmittel

Das als mobile Phase verwendete Lösungsmittel in der Flüssigkeitschromatografie.

Elutrope Reihe

Auflistung der in der Chromatografie gebräuchlichen Elutionsmittel nach steigender Elutionskraft.

Externer Standard

Ein separat von den Probelösungen vermessener Stoff (Analyt), der zur Kalibrierung verwendet wird.

Festion
Das am Kunstharzgrundgerüst eines Ionenaustauschers kovalent gebundene Ion, an das ein Gegenion (Ion mit entgegengesetzter Ladung) reversibel gebunden ist.

FID
Flammenionisationsdetektor, verbrennt Analyten mit Kohlenstoff-Kohlenstoff-Bindungen und Kohlenstoff-Wasserstoff-Bindungen in einer heißen Wasserstoffflamme, dabei bilden sich Ionen.

Fließmittel, Laufmittel
Flüssigkeiten, die in dünnschichtchromatografischen Trennverfahren die mobile Phase darstellen.

Flüssigkeitschromatografie, LC
Chromatografieverfahren, bei dem die mobile Phase eine Flüssigkeit ist, die stationäre Phase kann eine Flüssigkeit oder ein Feststoff sein.

Fronting
Asymmetrischer Verlauf eines Peaks, bei dem der Peakanstieg flacher verläuft als der Peakabfall.

Gaschromatografie
Säulenchromatografische Trennmethode, bei der der Stofftransport in der Gasphase erfolgt. Als mobile Phase wird immer ein Gas, als stationäre Phase wird ein Festkörper oder eine Flüssigkeit eingesetzt.

Gasdosierschleife mit Sechs-Wege-Ventil
Form der Probenaufgabe in der GC, bei der mit einem Sechs-Wege-Ventil das aufzugebende Probenvolumen über das Volumen der Gasdosierschleife genau dosiert werden kann. Da das dosierte Gasvolumen und die darin enthaltene Stoffmenge stark vom Druck und der Temperatur abhängen, sollten beide Größen konstant gehalten werden.

Gas-Fest-Adsorptionschromatografie, GSC
Art der Adsorptionschromatografie, bei der die stationäre Phase ein Feststoff und die mobile Phase ein Gas ist.

Gas-Flüssigkeits-Verteilungchromatografie, GLC
Chromatografieverfahren, bei dem sich ein Stoff zwischen der flüssigen stationären Phase und der mobilen Gasphase verteilt.

Gegenion
Das am Festion eines Ionenaustauschers reversibel gebundene Ion.

Gelchromatografie
Methode der HPLC, bei der die Trennung der Molekülgröße mit Hilfe des gequollenen Netzwerks eines Gels erfolgt.

Gel-Permentations-Chromatografie, GPC
Eine als Säulenchromatografie durchgeführte Flüssigkeitschromatografie. Die stationäre Phase besteht aus Perlen mit einem porösen gequollenen Netzwerk, die Fraktionierung (Trennung) erfolgt nach Molekülgröße (Molekularsieb-Effekt).

Gepackte Säule
Säulen mit einem Innendurchmesser von d_i = 1 mm bis 5 mm und einer Länge von bis zu 5 m, bestehen aus Stahl oder deaktiviertem Glas, das Innere der Säule ist dabei mit dem stationären Material komplett gefüllt.

Gesamtkapazität
Gesamtmenge an austauschfähigen Gruppen eines Ionenaustauschers.

Gradientenelution
Kontinuierliche Veränderung der mobilen Phase, so dass die Elutionswirkung zunimmt. Dadurch werden stärker zurückgehaltene Substanzen schneller eluiert.

Größenausschluss
Trennprinzip, das auf unterschiedlicher Teilchengröße der zu trennenden Komponenten beruht.

Grundionisationsstrom, Ionisationsgrundstrom, Hintergrundstrom
Der bei GC-Detektoren durch die Ionisierung des Trägergases erzeugte Strom.

Halbquantitative Bestimmung
Möglichkeit der Auswertung eines Chromatogramms in der Dünnschichtchromatografie, bei der die Analytkonzentration anhand der Fleckgröße abgeschätzt werden kann.

Headspace
Form der Probenaufgabe in der GC (Dampfraumanalysetechnik), bei der nur die Probenbestandteile im Dampfraum über der Probe analysiert werden.

Hochleistungs-Flüssigkeits-Chromatografie, HPLC
Methode zur Trennung von Substanzgemischen, bei der eine flüssige mobile Phase mit hohem Druck durch eine mit der stationären Phase beschickte oder gepackte Säule gepresst wird. Die Trennung findet in der Säule statt, aus der die einzelnen Komponenten in zeitlicher Abfolge eluiert werden.

Immobilisierte stationäre Phase
Stationäre Phase in der Verteilungschromatografie, die an das Trägermaterial chemisch gebunden ist.

Injektor
Bauteil zum Einbringen von Flüssigkeiten oder Gasen in ein Messgerät.

Inneres Chromatogramm
Örtliche Verteilung der aufgetrennten Verbindungen in der stationären Phase. Das Trennergebnis entsteht innerhalb bzw. auf der Trennstrecke.

Interner Standard
Eine probenfremde Komponente, die dem Analyten meist chemisch ähnlich, aber nicht mit ihm identisch ist. Sie wird in bekannter Konzentration zu jeder Probe und jedem Standard hinzugefügt. Sie dient als relative Bezugsgröße.

Ionenaustauschchromatografie, Austauschchromatografie
Chromatografisches Verfahren zur Charakterisierung oder Isolierung ionischer Moleküle.

Ionenpaarverteilung
Chromatografisches Trennprinzip, das auf der unterschiedlichen Verteilung von Ionenpaaren zwischen zwei flüssigen Phasen beruht. Die stationäre Phase ist in der Regel eine Umkehrphase. Die Ionenpaare werden aus den Probeionen und den Gegenionen des Ionenpaarreagenzes gebildet. Das Ionenpaarreagenz ist an einen lipophilen organischen Rest gebunden und wird der mobilen Phase zugesetzt.

Ionosorption
Eine Form der Chemisorption und damit der Adsorption, bei der Ionenbindungen gebildet werden. Das Adsorbat wird über Ionenbindung an das Adsorbens gebunden. Der Vorgang ist unter Normalbedingungen meistens reversibel.

Isokratisch
Arbeitsweise, bei der die Eluentenzusammensetzung bleibt während des Trennvorganges gleich bleibt.

Kapazität
Menge an austauschfähigen Gegenionen pro Masse- oder Volumeneinheit des Ionenaustauschers.

Kapazitätsfaktor, Kapazitätsverteilungsverhältnis, Massenverteilungsverhältnis
Maß für die Aufenthaltswahrscheinlichkeit des Analyten in der stationären bzw. mobilen Phase. Quotient aus der Nettoretentionszeit und der Durchflusszeit. Der Wert ist unabhängig von der Säulenlänge und der Fließgeschwindigkeit der mobilen Phase. Beschreibt die Wanderungsgeschwindigkeit vom Analyten in der Säule.

Kapillarsäule
Säulen mit einem Innendurchmesser von d_i = 180 µm bis 530 µm und einer Länge von bis zu 120 m, bestehen aus deaktiviertem Quarzglas.

Korngröße
Größe der Teilchen in der stationären Phase einer HPLC-Anlage, Angabe des Durchmessers in mm oder in amerikanischer Siebnorm (mesh, 16/mesh = mm).

Kunstharzmatrix
Aus organischen Monomeren aufgebautes Grundgerüst der Ionenaustauscher, an das die austauschfähigen Gruppen gebunden sind.

Laufmittelfront
Horizontale Linie, bis zu der sich die mobile Phase bei einer dünnschichtchromatografischen Bestimmung in der stationären Phase bewegt hat.

Liner
Kleine deaktivierte Glasröhrchen, die teilweise mit Glaswolle gepackt sind. Dienen der besseren Führung der Nadel im Injektor, der optimalen Vermischung von Probendampf und Trägergas sowie der Verhinderung der Probenzersetzung.

Make-up Gas
Beschleunigungsgas, das vor einer Messung im Detektor separat zugemischt wird, ist meistens reines Trägergas.

Mehrfach-DC
Mehrfach-Dünnschichtchromatografie, die DC-Platten werden mehrfach im gleichen Fließmittel entwickelt.

Methodenfaktor
Wird bei einer Quantifizierung mit internem Standard bestimmt.
$f_M = (m_{Analyt} \cdot A_{Standard})/(A_{Analyt} \cdot m_{Standard})$,
m = Masse, A = Peakfläche.

Mikroliterspritze
Glasgerät zum Einspritzen der Probemenge in einen Chromatografen.

Mobile Phase
Fließt kontinuierlich an der stationären Phase vorbei, löst dabei die dort adsorbierten ▷

Substanzen heraus und transportiert sie durch das chromatografische System. Die mobile Phase kann flüssig oder gasförmig sein.

Nettoretentionszeit, Reduzierte Retentionszeit
Aufenthaltszeit einer Substanz in der stationären Phase (Bruttoretentionszeit minus Durchflusszeit).

Nutzbare Kapazität
Teil der Gesamtkapazität, die unter den jeweiligen Bedingungen (Fließmittel) genutzt werden kann.

On-Column-Injektion
Form der Probenaufgabe in der GC, bei der die Probe direkt auf die Säule injiziert wird.

Packung
Anordnung von Kristallen, z. B. SiO_2, in Trennsäulen für die Chromatografie und den Ionenaustausch.

Papierchromatografie
Trennverfahren, unter Einsatz von Papier als stationärer und Lösemittel als mobiler Phase.

Peak
Ein plötzlicher Anstieg und Abfall (Ausschlag) des Messsignals über dem Grundrauschen des Signals.

Peakbreite auf der Basislinie
Abstand zwischen den Schnittpunkten der Wendetangenten des Peaks mit der Basislinie.

Peakbreite in halber Höhe
Bandenbreite auf halber Höhe zwischen Basislinie und Peakmaximum.

Peakfläche
Fläche, die zwischen Peakhöhe und der Peakbreite auf halber Höhe bzw. zwischen dem Schnittpunkt der Wendetangenten (oberhalb des Peakmaximums) und der halben Basisbreite beschrieben wird. Ist dem Gehalt der Komponenten proportional.

Peakhöhe
Abstand zwischen Basislinie und Peakmaximum. Ist in erster Näherung dem Gehalt der Komponenten des Gemisches proportional.

Physikalische Stabilität
Festigkeit, thermische Beständigkeit.

Physisorption
Form der Adsorption, die auf zwischenmolekularen Wechselwirkungen beruht. Das Adsorbatmolekül wird durch physikalische Kräfte an das Adsorbens gebunden.

Porosität
Maschenweite des Austauschernetzwerkes.

PTV

Programmed Temperature Vaporizer (temperaturprogrammierter Injektor). Eine Form der Probenaufgabe in der GC, bei der die Probe in den kalten Injektor injiziert wird. Der Injektor wird dann entweder ballistisch oder mit einem linearen Temperaturprogramm aufgeheizt. Für die nachfolgende Injektion muss er schnell wieder abgekühlt werden.

Pyrolysator

Gerät zur Probenaufgabe in der GC, bei der nicht flüchtige Stoffe, z. B. Gummi, Kunststoffe und Autolacke, durch thermische Zersetzung (Pyrolyse) in flüchtige Fragmente überführt werden.

Quellung

Volumenvergrößerung durch die Aufnahme von Wasser und anderen Lösemitteln.

Rauschen

Das Rauschen des Detektorsignals setzt sich zusammen aus allen Schwankungen der Basislinie, deren Frequenzen zwischen ein bis mehreren Hertz liegen. Man bestimmt das Rauschen durch zwei Geraden, die die Basislinie einschließen, dabei wird die maximale Amplitude in Volt oder Ampere angegeben.

Relative Retentionszeit

Maß für die Trennbarkeit eines Gemisches und das Trennvermögen einer Säule. Definitionsgemäß wird der erste Substanzpeak als Referenzpeak verwendet.

Retentionsfaktor, R_f-Wert

Quotient der Fließstrecke des Analyten zur Fließstrecke des Lösemittels in der Dünnschichtchromatografie.

Reversed Phase, Umkehrphase

Verteilungs-Chromatografie mit umgekehrten Phasen. Dabei wird die stationäre Phase mit einer lipophilen Substanz beladen. Die mobile Phase wird polar gewählt. So können insbesondere Stoffgemische getrennt werden, die sich in lipophilen Systemen besser lösen.

RI-Detektor

Differenzial-Refraktometer, erfasst die Änderung der Brechzahl.

RP-DC-Platte, RP-Säule

Die an der Oberfläche des Silicagels befindlichen OH^--Gruppen werden durch Silierungsmittel mit Alkylresten verbunden, dadurch wird die Oberfläche des Silicagels unpolar.

Säulenchromatografie
Form der Flüssigkeitschromatografie, bei der die stationäre Phase in einer aufrecht stehenden Säule gepackt ist. Die Analyten werden dadurch insbesondere durch Schwerkraft in der mobilen Phase mitgeführt.

Selektivität
Möglichkeit, mit Ionenaustauschern durch unterschiedliche Gleichgewichtskonstanten verschiedener Ionen, Trennungen durchzuführen.

Split-/Splitless Injektor
Bringt die Probe in das chromatografische System. Die Probe wird dabei verdampft und mit dem Trägergas gemischt.

Splitdiskriminierung
Veränderung in der Probenzusammensetzung, wenn in der Probe hoch und niedrig siedende Bestandteile gleichzeitig vorhanden sind. Die niedrig siedende Komponente wird dabei explosionsartig verdampft.

SPME
Solid Phase Micro Extraction (Festphasenmikroextraktion). Probenaufgabe mit Zwischenspeicherung, eine Form der Probenaufgabe in der GC, bei der die Probenmatrix (Probelösung oder Gasraum der Probe) mit einer Fused-Silica-Faser der SPME-Nadel in Kontakt gebracht wird, so dass sich der Analyt anreichern kann. Die SPME-Nadel wird anschließend in den Injektor eingeführt, wo der Analyt thermisch desorbiert wird.

Stationäre Phase
Sich nicht bewegende Phase in einem chromatografischen System, die mit einzelnen Substanzen von Substanzgemischen Wechselwirkungen eingeht, um die Substanzen zu trennen. Sie kann fest oder flüssig sein.

Störpegel
Zusammenfassender Begriff für Drift, Rauschen und Unstetigkeiten.

Stufentechnik
Verfahren, bei dem die Platten einer dünnschicht-chromatografischen Trennung hintereinander entwickelt werden. Je nach Solvens können so Flecken in den unteren oder oberen R_f-Bereichen „auseinandergezogen" werden.

Systempeak
Systemabhängige Peaks, die nichts mit der Probe zu tun haben.

Tailing	Asymmetrischer Verlauf eines Peaks, bei dem der Peakanstieg steiler als der Peakabfall ist.
TID	Thermoionischer Detektor, auch Stickstoff-Phosphatdetektor (NPD) genannt. Elektrisch beheizte Silikatperle, die Rubidiumionen enthält. Reagiert mit stickstoff- oder phosphathaltigen Substanzen unter Bildung von Ionen.
Trägergas	Mobile Phase in der Gaschromatografie, meist Wasserstoff, Helium oder Stickstoff.
Trennfaktor	Zeigt an, wie gut zwei aufeinander folgende Peaks zeitlich getrennt sind. Ist abhängig von den Retentionszeiten der Analyten.
Trennprinzip	Grundlegender Mechanismus zur Trennung von Stoffen.
Trennsäule	Beherbergt die stationäre Phase, die fest oder flüssig sein kann. Durch wiederholte Einstellung des Gleichgewichts der zu trennenden Komponenten zwischen der mobilen und der stationären Phase findet der Trennvorgang statt.
Trennstufe	Gedachter Abschnitt einer Trennsäule, in dem sich für einen Stoff ein einziges Gleichgewicht zwischen stationärer und mobiler Phase einstellt. Je mehr Trennstufen eine Trennsäule besitzt, umso höher ist ihre Trennleistung.
Trennstufenhöhe, theoretische Bodenhöhe	Beschreibt das Verhältnis zwischen Säulenlänge und Bodenzahl. In der Praxis übliche Werte liegen zwischen 0,1 mm und 0,5 mm. Das Formelzeichen ist H, die Einheit mm, $H = L/N$.
Trennstufenzahl, Bodenzahl	Theoretisch ermittelte Zahl der Trennstufen.
Unstetigkeiten	Abstand zwischen den beiden parallelen Geraden des Drifts.
UV-Detektor	Fotometerdetektor, der Analyten registriert, die UV-Licht absorbieren.
Verteilung	Grundlegendes Trennprinzip, das auf unterschiedlicher Verteilung eines Stoffes zwischen zwei nicht mischbaren flüssigen Phasen beruht.

Verteilungschromatografie System aus zwei nicht miteinander mischbaren flüssigen Phasen und einem in beiden Phasen löslichen Stoff. Die Trennung beruht auf der unterschiedlichen Löslichkeit des Stoffes in den beiden Phasen.

Verteilungskoeffizient Konzentrationsverhältnis der gelösten Substanz zwischen stationärer und mobiler Phase. Gibt das Verteilungsverhalten der gelösten Substanz zwischen diesen beiden flüssigen Phasen an.

WLD Wärmeleitfähigkeitsdetektor, misst die Wärmeleitfähigkeit des Eluats und wandelt diese in ein elektrisches Signal um. Dazu muss der Analyt eine vom Trägergas abweichende Wärmeleitfähigkeit aufweisen, um bestimmbar zu sein.

7.3 Elektrochemische Analyseverfahren

Abscheidungsspannung, Zersetzungsspannung Differenz der elektrischen Redoxpotenziale derjenigen Ionen, die im Elektrolyten vorhanden sind und reduziert oder oxidiert werden sollen.

Anode Positiv geladene Elektrode in einem elektrischen Feld. Beim Stromdurchgang wandern die Anionen zur Anode und werden dort entladen.

Anodische Oxidation Vorgang einer Elektrolyse, bei dem an der Anode Elektronen aus Ionen oder Atomen entzogen werden.

Bezugselektrode, Referenzelektrode Elektrode mit einem konstanten Gleichgewichtspotenzial zur Messung von relativen Potenzialen anderer Elektroden. Dabei kann nur die Potenzialdifferenz zwischen beiden Elektroden gemessen werden.

Chinhydronelektrode Redoxelektrode mit Hydrochinon und Chinon im Gleichgewicht zum Einsatz bei potenziometrischen Analysen. Als Elektrolyt dient eine konzentrierte KCl-Lösung. Das Potenzial wird über einen Platindraht (Ableitelektrode) abgeleitet.

Einstabmesselektrode, pH-Wert-Messkette
Galvanische Zelle, die aus einer Glaselektrode und einer Bezugselektrode besteht. Bei der Bezugselektrode handelt es sich meistens um eine Silber-Silberchlorid-Elektrode.

Elektrode
Fester, elektrischer Leiter zur Übertragung elektrischer Ladungsträger zwischen zwei verschiedenen Stoffen.

Elektrogravimetrie
Quantitative, physikalische Messmethode, bei der aus Metallsalzlösungen die reinen Metalle an der Katode (meistens ein Platinnetz) abgeschieden werden. Aus der Massendifferenz der Katode vor und nach der Abscheidung kann die Masse des Analyten bestimmt werden.

Elektrolyse
Zerlegung einer chemischen Verbindung durch elektrischen Strom, zur Gewinnung, Reinigung oder Trennung von Metallen.

Elektromotorische Kraft
Differenz der Normalpotenziale von Halbelementen einer galvanischen Zelle.

Galvanisches Element
Stromlose Verbindung zweier getrennter Systeme aus reinem Metall und zugehöriger Metalllösung, zwischen denen eine Potenzialdifferenz besteht, z. B. Zn/Zn^{2+}-Lösung, Cu/Cu^{2+}-Lösung. Über einen Schließungsdraht zwischen den Systemen werden aufgrund der Potenzialdifferenz Elektronen vom unedleren Element an das edlere Element abgegeben.

Glaselektrode
Galvanische Halbzelle aus Glas, die eine innere Bezugselektrode enthält. Die Potenzialbildung beruht auf einem Ionenaustausch auf beiden Seiten der Glasmembran.

Halbstufenpotenzial
In elektrolytischen Analyseverfahren die halbe Höhe eines Potenzialsprungs. Es ist eine charakteristische Größe für die Art des potenzialsprungverursachenden Analyten, bezogen auf den eingesetzten Elektrolyten.

Katode
Negativ geladene Elektrode in einem elektrischen Feld. Beim Stromdurchgang wandern die Kationen zur Katode und werden dort entladen.

Katodische Reduktion Vorgang einer Elektrolyse, bei dem an der Katode Elektronen an Ionen oder Atome abgegeben werden.

Konduktometrie Quantitative, physikalische Messmethode, bei der die elektrische Leitfähigkeit einer flüssigen Probe zur Bestimmung der Konzentration ihrer Inhaltstoffe genutzt wird. Die Leitfähigkeit ist abhängig von der Ionenkonzentration, der Anzahl der Elementarladungen, der Wanderungsgeschwindigkeit der Ionen, der Polarität des Lösemittels und der Temperatur der Lösung.

Leiter 1. Ordnung Alle Stoffe, die Elektronen als Ladungsträger besitzen, z. B. Metalle, Graphit.

Leiter 2. Ordnung Alle Stoffe, die Ionen als Ladungsträger besitzen, z. B. Salzschmelzen, Elektrolytlösungen, ionisierte Gase.

Leitfähigkeitsmesszelle Besteht aus zwei Elektroden mit definierter Größe, Form und Abstand zueinander. Wird zwischen beide Elektroden, in Lösung getaucht, eine Spannung angelegt, so ist die dabei auftretende Stromstärke eine definierte Größe für die Leitfähigkeit der Lösung.

Normalpotenzial Wert eines Elektrodenpotenzials, das gegen die Normalwasserstoff-Elektrode gemessen wurde. Ist der Wert negativ, ist der Stoff unedler als Wasserstoff, ist der Wert positiv, wird der Stoff als edel bezeichnet.

Normalwasserstoffelektrode Ein in eine Salzsäure-Lösung, $c(\mathrm{HCl}) = 1$ mol/L, eintauchendes Platinblech wird bei 1,013 bar und 25 °C mit Wasserstoffgas umspült. Das Potenzial dieser Elektrode wird mit 0,00 Volt festgelegt und dient als Referenzelektrode für die Messung von Elektrodenpotenzialen.

pH-Wert Der negative, dekadische Logarithmus des Zahlenwertes der Stoffmengenkonzentration der Hydroniumionen, $p\mathrm{H} = -\lg c(\mathrm{H_3O^+})$.

pOH-Wert Der negative, dekadische Logarithmus des Zahlenwertes der Stoffmengenkonzentration der Hydroxidionen, $p\mathrm{OH} = -\lg c(\mathrm{OH^-})$.

Polarografie

Elektrolytisches Verfahren, bei dem unter Einsatz einer Quecksilbertropfelektrode als Arbeitselektrode Elemente oder Verbindungen qualitativ und quantitativ analysiert werden können.

Potenziometrie

Analyseverfahren, das die Konzentrationsabhängigkeit der Redoxpotenziale nutzt, um Konzentrationen einer Lösung zu bestimmen.

Primärelement, Batterie

Elektrochemischer Spannungserzeuger. Unedle Metalle werden bei Stromfluss zersetzt, geben dabei Elektronen ab und werden positiv geladen. Edle Metalle nehmen diese Elektronen auf und werden negativ geladen.

Redoxpotenzial

Maß für die Bereitschaft, in einer chemischen Reaktion Elektronen aufzunehmen und damit als Oxidationsmittel zu wirken.

Schmelzelektrolyse

Elektrochemisches Verfahren, bei dem der Reinstoff nicht aus einem wässrigen Medium, sondern aus einer heißen Salzschmelze abgeschieden wird. Das Verfahren wird zur Herstellung von Aluminium, Alkalimetallen und Erdalkalimetallen eingesetzt, außerdem zur Herstellung von Fluor und Chlor. Die genannten Metalle sind „unedler" als Wasserstoff und können deshalb nicht durch Elektrolyse aus wässrigen Lösungen abgeschieden werden. Fluor ist elektronegativer als Hydroxid-Ionen und Sauerstoff, deshalb kann es ebenfalls nicht aus wässriger Lösung abgeschieden werden.

Sekundärelement, Akku

Elektrochemische Vorgänge sind umkehrbar. Sekundärelemente können elektrische Energie aufnehmen und bei Bedarf wieder abgeben.

Spannungsreihe

Auflistung von Oxidationsmitteln nach ihrer Oxidationsstärke und von Reduktionsmitteln nach ihrer Reduktionsstärke. Die Redox-Paare werden hierbei nach ihrem Standardpotenzial sortiert. Das Redoxpaar H_2/H^+ wird aus praktischen Gründen gleich Null gesetzt. Je positiver das Standardpotenzial ist, desto edler z. B. Cu/Cu^{2+}, +0,35V, je negativer, desto unedler z. B. Zn/Zn^{2+}, −0,76V, ist ein Stoff.

8 Qualitätssicherung und Qualitätssicherungssysteme

Absolute und relative Messunsicherheit
Kriterium für jede Messung. Absolut wird die Messunsicherheit in der Einheit des Messwertes angeben, die relative Messunsicherheit ist das Verhältnis von absoluter Messunsicherheit zum Messwert.

Addition von Unsicherheiten, Gesamtunsicherheit
Jedem Einzelschritt einer Methode kann eine Unsicherheit zugeordnet werden. Die Unsicherheit des Gesamtprozesses ergibt sich aus der Wurzel der Summe aus den quadrierten Unsicherheiten der Einzelprozesse:

$$F = \sqrt{f_1^2 + f_2^2 + f_3^2 + \ldots + f_n^2}$$

Akkreditierung
Kompetenznachweis eines Prüflabors, bestimmte Aufgaben durchführen zu können.

Akzeptanzkriterien
Vor einer Untersuchung festgelegte Kriterien für die zu bestimmenden Validierungsparameter.

Arbeitsanweisung
Schriftliche Anleitung, die zur Durchführung einer Prüfung nach definierten Arbeitsschritten anzuwenden sind.

Arbeitsbereich
Bereich zwischen der unteren und der oberen Konzentration, für den noch genaue Messungen zur Ermittlung von Richtigkeit und Präzision möglich sind.

Arithmetischer Mittelwert
Quotient aus der Summe aller Einzelwerte und der Anzahl der Einzelwerte. $MW = \sum n/n$

Audit
Systematische unabhängige Untersuchung, um festzustellen, ob die qualitätsbezogenen Maßnahmen und die damit zusammenhängenden Ergebnisse, den Anforderungen entsprechen.

Ausreißertest nach Grubbs
Test zur Bestätigung der Zugehörigkeit eines Messwertes zu einer Datenmenge. Der Wert der Prüfgröße *PG* ergibt sich aus dem Quotienten vom Messwert des eventuellen Ausreißers *X* minus Mittelwert *MW* und der Standardabweichung *s*: $PG = (X - MW)/s$. Ist dieser Wert kleiner als die dazu gehörende Prüfwertgrenze liegt kein Ausreißer vor.

Außer-Kontroll-Situation Liegt vor, wenn die Eingriffsgrenze durch den Messwert über- oder unterschritten wird, auch bei Trendbildung sowie bei Überschreitung der Warngrenze. Es muss ein Eingriff in den Prozess erfolgen.

Bestgerade Auswerteteil bei Messverfahren mit Kalibriergeraden. Verläuft in der Mitte zwischen zwei Grenzgeraden und kann aus der Steigung und dem Ordinatenabschnitt rechnerisch ermittelt werden.

Bestimmtheitsmaß Linearitätsparameter, Quadrat des Korrelationskoeffizienten.

Bestimmungsgrenze, Quantifizierungsgrenze Kleinste Menge eines Analyten, die mit einer vorgegebenen Präzision noch quantifiziert werden kann.

Eichung Durch eine Behörde durchgeführte Prüfung eines Messgerätes nach den gültigen Eichvorschriften.

Eingriffsgrenze Liegt vor, wenn die Messwerte den Mittelwert mit mindestens dreifacher Standardabweichung über- oder unterschreiten. Es sind sofortige Eingriffe in den Prozess erforderlich.

Einzelmesswert Einzelner Messwert auf einer Regelkarte in der Messwertespur dargestellt.

Empfindlichkeit Die mit den Konzentrationsänderungen der zu bestimmenden Komponente einhergehende Änderung der zugehörigen Analysensignale bei einer Analysenmethode.

Erwartungswert Derjenige Wert einer Variablen, der sich nach mehrmaligem Wiederholen der zugrunde liegenden Messung als Mittelwert aller Messungen ergibt.

Eulersche Zahl Irrationale Zahl, Basis des natürlichen Logarithmus und der natürlichen Exponentialfunktion, $e \approx 2{,}718281828459$.

Fehleranalyse Aufzählende, tabellarische, grafische oder als Funktionsbild dargestellte Analyse aus einer Überprüfung der Funktionalität der gesamten Methode.

Fehlererkennungsverfahren, Troubleshooting Wird bei Störungen eines Messsystems eingeleitet. Dient dazu, Fehler im Gerät oder in der Methode zu analysieren.

Genauigkeit Summe aus Präzision und Richtigkeit.

Gerätepräzision, Messpräzision Streuung der Messergebnisse, die durch das Messsystem hervorgerufen wird.

Gerätequalifizierung Nach ISO-Norm definierter Status einer Einheit, wenn ihre Fähigkeit zur Erfüllung der festgelegten Qualitätsforderungen dargelegt wurde.

Gleitende Spannweite Darstellung der Messwerte in der Regelkarte in der Spannweitenspur, dabei werden die Abweichungen von Messwert zu Messwert eingetragen.

GLP-Normen Normen der „Guten Laborpraxis", sind auf der Grundlage der Normen der OECD (Organisation für wirtschaftliche Zusammenarbeit und Entwicklung) in Deutschland durch das Chemikaliengesetz rechtlich verbindlich. Sind für Prüflabore, die im Bereich von Zulassungsverfahren tätig sind, verpflichtend. Dabei müssen analytische Bestimmungen nachvollziehbar sein, Verantwortlichkeiten und Organisation definiert sein und es muss eine qualitative Datensammlung erfolgen.

GMP Good Manufacturing Practice. Richtlinien zur Herstellung von Arzneimitteln und Wirkstoffen in der pharmazeutischen Industrie.

GMP-Inspektion Überprüfung der Konformität der betrieblichen Abläufe mit den GMP-Regularien.

Grobe Fehler Messfehler, die durch zufällige oder äußere Einflüsse die übliche Messwertstreuung deutlich überschreiten.

Justieren Einstellung eines Messgeräts zur Verringerung der Messabweichung.

Kalibrieren Ermittlung der Messabweichung eines Messgeräts, Zusammenhang zwischen dem Messsignal und der Konzentration von Proben oder Standard.

Kombinierte Standardunsicherheit	Wird durch die Addition, Subtraktion, Multiplikation oder Division von einzelnen Standardunsicherheiten ermittelt.
Kompetenz	Formelle Anerkennung, bestimmte Prüfungen durchführen zu können.
Medianwert	Bezeichnung für ein Messergebnis, dessen Messwerte zu gleichen Teilen über- oder unterschritten sind. Bei geraden Zahlenreihen wird der Mittelwert aus den beiden in der Mitte liegenden Messwerten als Median herangezogen.
Messfehler	Fehler, der während der Messung auftritt und sowohl auf die Methode als auch auf das Messgerät zurückzuführt werden kann.
Messunsicherheit	Zufällige oder systematische Unsicherheit während eines Messvorganges. Ist die Ursache für einen signifikanten Unterschied zwischen Ist- und Sollwert.
Modalwert	Der in einer Zahlenreihe am häufigsten vorkommende Wert.
Nachweisgrenze	Kleinste Menge eines Analyten, die gerade noch zuverlässig nachgewiesen werden kann. Der Messwert an der Nachweisgrenze liegt in einem vorgegebenen Vertrauensbereich. Alle kleineren Werte außerhalb dieses Vertrauensbereichs gelten als „nicht nachweisbar".
Normalverteilungstest nach David	Prüft, inwieweit eine Datenmenge durch Normalverteilung angepasst werden kann. Verhältnis von Spannweite (Range) zur Standardabweichung der Einzelwerte.
Normenkonformität	In einem Audit festgestellte Übereinstimmung der vorgegebenen ISO-Normen mit den im QM-Handbuch des Unternehmens festgelegten Normen.
Präzision	Maß für die Streuung oder der zufällige Fehler von Analysenergebnissen bei einer Mehrfachmessung.
Prozentuale Häufigkeit	Anteil einer Komponente im Gesamtsystem.
Prüfeinrichtung	Organisatorische Einheit, die mit der Durchführung von Prüfungen beauftragt ist.

Prüfmittel
Messgerät zur Bestimmung qualitätsrelevanter Messdaten.

Qualifizierung
Geplantes und dokumentiertes Prüfverfahren zur Bestimmung, ob die Geräte/Geräteteile und deren Hilfsmittel die Forderung erfüllen, stetig innerhalb erlaubter festgelegter Grenzen reproduzierbar betrieben werden zu können.

Qualität
Nach der Qualitätsnorm EN ISO 9000 ff das Vermögen einer Gesamtheit inhärenter (innewohnender) Merkmale eines Produktes, eines Systems oder eines Prozesses zur Erfüllung von Forderungen von Kunden und anderer interessierter Parteien.

Qualitätskontrolle
Kontrolle der praktischen Ergebnisse und Abgleich mit den vorher geplanten Vorgaben.

Qualitätslenkung
Qualitätsziele werden geplant und in die Praxis umgesetzt.

Qualitätsmanagement
Die Gesamtheit der Maßnahmen zur Sicherung und Verbesserung der Qualität von Produkten und Herstellungsprozessen.

Qualitätsmanagementhandbuch
Besitzt die Funktion eines innerbetrieblichen Regelwerks und beschreibt das Qualitätsmanagement auf Basis spezieller ISO-Normen.

Qualitätsmanagementsystem
System, durch das der Prozess der Qualitätssicherung ständig verbessert wird. Ist betriebsspezifisch geprägt und nach Regeln und Normen gestaltet.

Qualitätsplanung
Prozesse der Qualitätssicherung werden mit Qualitätszielen untersetzt, nach denen die Umsetzung geplant wird.

Qualitätsprüfung
Dient der Feststellung, meist anhand festgelegter Prüfmerkmale, inwieweit ein Produkt die Qualitätsanforderungen der Kunden und des Anbieters erfüllt.

Qualitätsregelkarte
Formblatt zur grafischen Darstellung von fortlaufend anfallenden Ergebnissen von Standard- und Referenzproben. Sie dient zur statischen Überwachung und zur Qualitätslenkung eines Prozesses.

Qualitätssicherung	Sichert die Qualität, vermeidet eine fehlerhafte Produktion, sichert die Leistungsfähigkeit eines Unternehmens und stärkt das Vertrauen des Kunden gegenüber dem Unternehmen.
Qualitätssicherungs-beauftragter	Person, die die Planung und die Durchführung der Qualitätssicherung begleitet.
Qualitätssicherungs-system	Festlegung der für die Qualitätssicherung benötigten Mittel. Das gilt sowohl für die Planung als auch für die Durchführung des Prozesses.
Qualitätsziele	Ziele, die zu einer abgestimmten Leitung und Lenkung eines Prozesses hinsichtlich der Qualität führen und zur festzulegenden Qualitätsstruktur des Unternehmens beitragen.
Referenzmaterial	Materialien mit bekanntem Analytgehalt, die zur Überprüfung von Messgeräten oder Methoden dienen.
Reproduzierbarkeit	Die möglichst exakte Wiederholung komplexer Prozesse. Dadurch können aufgetretene Fehler eingegrenzt, analysiert und letztendlich beseitigt werden.
Richtigkeit	Maß der Übereinstimmung zwischen dem ermittelten Wert und einem als richtig angesehenen Wert.
Ringversuch	Methode der externen Qualitätssicherung für Messverfahren. Dabei werden von unterschiedlichen Mess- und Prüflaboratorien identische Proben untersucht. Der Vergleich der Ergebnisse erlaubt es, Aussagen über die Messgenauigkeit generell bzw. über die Messqualität der beteiligten Einrichtungen zu machen. Ringversuche werden zudem zur Validierung von Vorschriften für Messverfahren verwendet. Akkreditierte Mess- oder Prüflaboratorien müssen gemäß Norm oder im Rahmen staatlicher Zulassungsverfahren regelmäßig an Ringversuchen teilnehmen, um die Qualität ihrer Ergebnisse zu sichern und nachzuweisen.
Robustheit	Fähigkeit einer Methode, unter leicht variierten Bedingungen gleichbleibende Messwerte zu liefern.

Rohdaten
Alle ursprünglichen Unterlagen und Aufzeichnungen, die als Ergebnis einer Beobachtung oder Tätigkeit bei einer Untersuchung anfallen.

Selektivität
Fähigkeit einer Methode, verschiedene, nebeneinander vorliegende Komponenten ohne gegenseitige Störung zu bestimmen und sie somit eindeutig zu identifizieren.

Spannweite
Differenz zwischen dem größten und dem kleinsten Wert.

Spezifität
Fähigkeit einer Methode, eine Substanz oder eine Substanzklasse ohne Verfälschung durch andere in der Probe vorhandene Komponenten zu bestimmen und sie somit eindeutig zu identifizieren.

Standard
Einheitliche oder vereinheitlichte Form der Durchführung eines Prozesses, wird in Regeln oder Normen festgelegt.

Standardabweichung
Streumaß, beschreibt die Streuung der Einzelwerte um den Mittelwert.

Standardbedingungen
Vereinbarte Werte bestimmter, meist physikalischer oder chemischer Größen, z. B. Druck und Temperatur. Dabei gilt es vergleichbare Bedingungen zu schaffen, die eine optimale Auswertung von Versuchsergebnissen in Wissenschaft und Forschung ermöglichen. Im Gegensatz zu den Normbedingungen sind die Standardbedingungen nicht weltweit einheitlich definiert.

Standardunsicherheit
Entspricht der Standardabweichung s der Einzelwerte.

Streuparameter
Beschreiben die Messwertschwankungen und damit die Breite der Verteilung der Messwerte.

Systematische Fehler
Entstehen durch konkrete Ursachen, z. B. einer falsch kalibrierten Analysenwaage, dadurch wird ein Messergebnis immer unrichtig. Systematische Fehler haben einen Einfluss auf die Richtigkeit einer Messung.

Validierung
Überprüfung einer Analysenmethode hinsichtlich der Validierungsparameter.

Validierungsparameter	Sammelbegriff für alle wichtigen Kriterien für die Überprüfung eines analytischen Systems: Präzision, Richtigkeit, Nachweis- und Bestimmungsgrenze, Selektivität, Spezifität, Linearität und Robustheit.
Varianz	Maß für die Streuung der Einzelwerte, wird durch Quadrieren der Standardabweichung ermittelt.
Variationskoeffizient, relative Standardabweichung	Streumaß, gibt den Anteil der Standardabweichung vom Mittelwert an, Angabe erfolgt meistens in Prozent.
Verfahrensanweisung	Dokumentiert verbindlich und nachvollziehbar die Abläufe in einem Unternehmen.
Vergleichbarkeit	Vergleich der aus Stichproben gewonnenen Daten mit tabellarischen Prüfwerten, daraus wird der statistische Schluss gezogen.
Vergleichspräzision	Streuung von Analysenergebnissen, die mit demselben Verfahren, an identischen Proben, aber in verschiedenen Laboratorien, von verschiedenen Bearbeitern und mit verschiedener Geräteausrüstung erhalten werden.
Warngrenze	Die Messwerte über- oder unterschreiten den Mittelwert mit zweifacher Standardabweichung. Einmaliges Vorkommen ist tolerierbar, Beobachtung ist notwendig.
Warninformation	Ein Über- oder Unterschreiten der Warngrenze durch den Messwert. Eine verstärkte Überwachung des Prozesses ist erforderlich.
Wiederfindungsrate	Möglichkeit der Bewertung der Qualität von analytischen Verfahren oder Messverfahren. Verhältnis der Menge eines Analyten, der vor der Probenvorbereitung zu einer Probe gegeben wird und der Menge dieses Analyten, der als Messergebnis gefunden wird.
Zertifizierung	Prozess, in dem die Einhaltung der Norm nachzuweisen ist, dabei erfolgt eine Konformitätsprüfung. Diese notwendige Prüfung ist ein Audit und endet im positiven Fall mit der Ausstellung eines Zertifikats.

Zufällige Fehler

Entstehen durch allgemeine Schwankungen im Messprozess, z. B. Messwertstreuungen, dadurch wird ein Messergebnis immer unsicher. Zufällige Fehler beeinflussen die Präzision der Messergebnisse.

9 Responsible care

9.1 Umweltschutz

α-Strahlung
Teil radioaktiver Strahlung. Zweifach positiv geladene Heliumkerne (He^{2+}), die beim radioaktiven Zerfall Geschwindigkeiten von 5 % bis 10 % der Lichtgeschwindigkeit erreichen.

β-Strahlung
Teil radioaktiver Strahlung. Elektronen, die bei radioaktivem Zerfall aus Atomkernen mit hoher Geschwindigkeit (bis zu Lichtgeschwindigkeit) herausgeschleudert werden.

Abfall
Laut Kreislaufwirtschafts- und Abfallgesetz alle beweglichen Sachen, denen sich ihr Besitzer entledigt, entledigen will oder entledigen muss.

Abfallschlüsselnummer
Dient der Kennzeichnung von Abfällen zur Entsorgung. Gewährleistet in Europa die gleiche Überwachung und Behandlung von Abfällen.

Ablagerungsverordnung
Verordnung über die umweltverträgliche Ablagerung von Siedlungsabfällen auf Deponien.

Abwasser
Gebrauchtes und jedes in die Kanalisation gelangte Wasser.

Abwasserbehandlung
Komplexer Aufbereitungsvorgang zur Schonung des Wassers und zur Vermeidung von Umweltbelastungen.

Abwasserverordnung
Verordnung über Anforderungen an das Einleiten von Abwasser in Gewässer.

Anomalie des Wassers
Bezeichnung für die Tatsache, das Wasser bei 4 °C seine größte Dichte aufweist. Dadurch friert ein Wasserkörper von oben nach unten zu und lässt Raum für die Lebewesen in Gewässern zum Rückzug und Überleben.

AOX
Summenparameter zur Beurteilung von Abwasser. Fasst alle adsorbierbaren organischen Halogenverbindungen zusammen.

Atmosphäre
Bei chemischen Reaktionen versteht man darunter eine über Zusammensetzung, Druck und Temperatur klar definierte Umgebung.

BImSchG, BImSchV — Bundesimmissionsschutzgesetz bzw. -Verordnung. Gesetz zum Schutz vor Umwelteinwirkungen.

Biogas — Entsteht bei der als Vergärung oder Fäulnis bezeichneten anaeroben Zersetzung von organischen Materialien. Für die Verwendung von Biogas ist der Methananteil die wichtigste Größe, da dieser bei der Verbrennung Energie freisetzt.

Biokatalysatoren — Beschleunigen biochemische Reaktionen, indem sie die Aktivierungsenergie herabsetzen. Zumeist sind es Enzyme, die aus Proteinen bestehen. Sie ermöglichen die biochemischen Reaktionen und physiologischen Prozesse aller Lebewesen.

Biosphäre — Umfasst die Gesamtheit aller Substanzen, Pflanzen, Tiere, Mikroorganismen und letztendlich auch der Menschen.

Biotop — Bezeichnung für den Lebensraum aller Organismen mit typischen Umweltfaktoren, die ihn von anderen angrenzenden Lebensräumen unterscheiden.

Bleibende Härte, Nichtcarbonathärte, Permanente Härte — Summe der in Wasser gelöst vorliegenden Erdalkalianteile, vor allem Calcium und Magnesium, die nicht an Hydrogencarbonat- oder Carbonatresten gebunden sind. Überwiegend hervorgerufen durch in Wasser gelöst vorliegendes Calciumsulfat.

BSB_5 — Biologischer Sauerstoffbedarf nach fünf Tagen. Gibt an, wie viel Sauerstoff in mg/L beim biologischen Abbau organischer Stoffe im Abwasser benötigt wird.

Carbonathärte, Temporäre Härte, Vorübergehende Härte — Wird durch gelöst vorliegendes Calcium- und Magnesiumhydrogencarbonat hervorgerufen. Die Härte verschwindet beim Erhitzen, da sich diese Salze dann unter Bildung von unlöslichen Carbonaten zersetzen.

CSB — Chemischer Sauerstoffbedarf, gibt den Bedarf an Sauerstoff in mg/L an, der zur Oxidation der im Wasser enthaltenen organischen Stoffe ▷

benötigt wird. Gilt als Verschmutzungsindikator für die organische Belastung von Wasser. Bestimmung erfolgt meistens durch die Oxidation mit Kaliumdichromat.

Desinfektion Abtötung von Krankheitserregern zur Verhinderung einer Ansteckungsgefahr.

Desinfektionsmittel Mittel zum Abtöten von krankheitserregenden Mikroorganismen.

Emission Austrag von Schadstoffen, Lärm und Strahlung an die Umwelt.

Energieträger Stoffe oder Quellen in der Energiewirtschaft, die nutzbare Energie enthalten und diese durch Anwendung technischer Verfahren abgeben können, z. B. Öl, Kohle, Sonne, Wind.

Entsorgung Das sachgerechte Einsammeln, Befördern, Lagern und Behandeln von Abfällen.

Eutrophierung Vorgang, bei dem Wasser durch Überdüngung aus dem biologischen Gleichgewicht gebracht wird. Es kommt zu einem vermehrten Wachstum von Wasserpflanzen. In der Absterbephase dieser Pflanzen kann die Zersetzung übermäßig Sauerstoff verbrauchen, der dann nicht mehr für aerobe Prozesse zur Verfügung steht. Die sich dann bildenden anaeroben Mikroorganismen bewirken ein Umkippen des Wassers.

FCKW-Verbindungen Fluorchlorkohlenwasserstoffe, sind in erheblichem Maß für den Abbau der Ozonschicht in der Stratosphäre verantwortlich, deshalb auch als „Ozonkiller" bekannt.

Flockung Vorgang im Absetzbecken einer Kläranlage. Hierbei wird Wasser mit Flockungsmitteln versetzt, suspendierte und kolloidale Bestandteile koagulieren, um diese dann besser abscheiden oder entfernen zu können.

Geigerzähler Gerät zur akustischen Identifizierung von radioaktiver Strahlung.

Gesamthärte Summe der Erdalkali-Ionen in mmol pro Liter Wasser, wird ausgedrückt in Härtegraden, 1°d = 10 mg Calciumoxid pro Liter Wasser. Ergibt sich aus der Summe von Carbonat- und Nichtcarbonathärte.

Gift	Stoff, der in Abhängigkeit von seiner Dosis und Art lebende Organismen schädigen kann.
Grenzwert	Maximal bzw. minimal zulässige Konzentration eines Stoffes, bei deren Über- oder Unterschreitung schädliche Auswirkungen zu erwarten sind.
Halbwertszeit	Zeit, nach der die Hälfte der vorhandenen radioaktiven Atome einer radioaktiven Verbindung zerfallen ist.
Härtebildner	Zu den Härtebildnern zählen Calcium und Magnesium, die in Wasser gelöst, unlösliche Verbindungen, z. B. Kalkseifen oder Kalk, bilden können.
Immission	Einwirkung von Störfaktoren, z. B. Schadstoffe, Lärm, Licht, Wärme, Strahlung, auf die Umwelt.
Indirekteinleiter	Haushalte, Gewerbe- und Industriebetriebe, die die öffentliche Kanalisation zur Einleitung ihrer Abwässer nutzen.
Kalkhärte	Gibt den Gehalt der Calcium-Ionen im Wasser an.
Kernreaktion	Physikalischer Vorgang in Atomkernen, vor allem Umwandlungen beim Zusammenprall energiereicher Teilchen, z. B. Protonen oder α-Teilchen, mit Kernen. Aber auch physikalische Vorgänge in Kernen radioaktiver Stoffe, die ohne äußere Einwirkung ablaufen.
Kernspaltung	Zersetzung eines Atomkerns unter Freisetzung von Energie. Hierbei unterscheidet man den spontanen Zerfall (bei radioaktiven Elementen) und den induzierten Zerfall, bei dem Atomkerne mit energiereichen Teilchen beschossen werden, um eine Spaltung zu erzielen (Grundlage der Kernreaktoren).
Kesselstein	Carbonate, die sich absetzen, wenn Wasser, in dem Hydrogencarbonate gelöst sind, erhitzt wird. Meist Calcium- oder Magnesiumcarbonat.

Luftverunreinigung — Belastung der Luft mit Stoffen, z. B. Staub oder Gasen, die sonst nicht in diesen Konzentrationen in der Luft vorhanden sind. Wird auch als Luftverschmutzung bezeichnet und ist ein Teil der Umweltverschmutzung.

Magnetabscheider — Damit werden ferromagnetische Metallstücke aus einem Stoffgemisch entfernt. Magnetabscheider werden unter anderem in der Umwelttechnik zur Aufbereitung von Abfällen und Böden eingesetzt.

Ozon — Dreiatomige, energiereiche und instabile Form des Sauerstoffs (O_3). Starkes Oxidationsmittel, das rückstandsfrei aus Reaktionen, z. B. bei elektrischen Entladungen (Gewitter, Lichtbogen), hervorgeht. Daher wird es unter anderem als Desinfektionsmittel, zur Trinkwasserentkeimung (Ozonierung) und als Bleichmittel eingesetzt.

Ozonloch — Abnahme der Ozonschicht in der Stratosphäre, die die Erde vor UV-Strahlung schützt.

PAK — Polycyclische aromatische Kohlenwasserstoffe. Organische Verbindungen, die aus mindestens zwei kondensierten Benzolringen bestehen.

Radioaktiv — Eigenschaft von manchen Elementen, unter Aussendung von α-, β- oder γ-Strahlung zu zerfallen.

Rauchgasentschwefelung — Verfahren zur Entfernung von Schwefelverbindungen aus Abgasen, die durch die Verbrennung von schwefelhaltigen Brennstoffen in Kohlekraftwerken und in Müllverbrennungsanlagen entstanden sind.

Recycling — Abfälle werden stofflich verwertet, dadurch entstehen neue Produkte.

Siedlungsabfall — Darunter werden die Abfallarten Hausmüll, hausmüllähnliche Gewerbeabfälle, Sperrmüll, Straßenkehricht, Marktabfälle, kompostierbare Abfälle aus der Biotonne, Garten- und Parkabfälle, sowie Abfälle aus der Getrenntsammlung von Papier, Pappe, Karton, Glas, Kunststoffe, Holz und Elektronikteile erfasst.

Smog

Eine durch Emission verursachte Luftverschmutzung. Dabei handelt es sich um Luftschadstoffe in gesundheits- und sichtbeeinträchtigen Konzentrationen. Meistens tritt Smog in besonderen Wetterlagen, den so genannten Inversionswetterlagen auf.

Strahlung

Energie, die in Form von Teilchen bzw. Wellen ausgesandt wird. Man unterscheidet zwischen elektromagnetischer Strahlung, z. B. Licht, Mikrowellen, UV-Strahlung, und der beim radioaktiven Zerfall entstehenden Teilchenstrahlung, z. B. α-Strahlung, β-Strahlung.

Technisch-hygienischer Umweltschutz

Umfasst alle Maßnahmen zur Reinhaltung der Luft und der Gewässer, zur Abfallentsorgung und zum Lärmschutz.

TOC

Total organic carbon (Gesamter organischer Kohlenstoff), gibt den gesamten Kohlenstoffgehalt im Abwasser an.

Treibhauseffekt

Einfluss von strahlungsaktiven Gasen, durch den die Oberflächentemperatur der Erde höher ist als sie ohne diese Gase wäre.

Treibhausgase

Strahlungsaktive Gase, z. B. Ozon, Kohlenstoffdioxid, Methan und Wasserdampf.

Trinkwasser

Durch spezielle Maßnahmen aufbereitetes Grund- und Oberflächenwasser für den menschlichen Bedarf mit höchsten hygienischen Güteanforderungen.

Umkehrosmose

Physikalisches Verfahren zum Aufkonzentrieren von in Flüssigkeiten gelösten Stoffen, dabei wird durch Druck die natürliche Osmose umgekehrt. Wird zur Wasseraufbereitung und Abwasserbehandlung angewendet.

Umwelt

Die natürliche, soziale und technische Umgebung eines Menschen, die gemeinsam die Lebensgrundlage bildet.

Umweltanalytik

Teilbereich der Analytik, der sich mit der Untersuchung und mit qualitativen und quantitativen Bestimmungen von Komponenten der Luft, des Wassers und des Bodens befasst.

Umweltrecht
Gesamtheit der Rechtsnormen, die sich mit dem Schutz der Umwelt und der Erhaltung der Ökosysteme befassen.

Umweltschutz
Maßnahmen zum Erhalt der menschlichen Lebensgrundlagen innerhalb unserer Umwelt, die durch Umweltverschmutzungen gefährdet sind.

Umweltverschmutzung
Gefährdung der natürlichen Umgebung durch menschliche Aktivitäten, z. B. Eintrag von Chemikalien, Staub und Lärm.

UVPG
Umweltverträglichkeitsprüfungsgesetz. Gesetz, das die Umweltverträglichkeit großer Bauvorhaben prüft.

VAwS
Verordnung über Anlagen zum Umgang mit wassergefährdenden Stoffen, dient dem Schutz der Lebensgrundlage Wasser und regelt die Anforderungen, die an Anlagen, die mit wassergefährdenden Stoffen betrieben werden, zu stellen sind.

Wassergefährdende Stoffe
Alle Stoffe, die im Sinne der Gefährdungsbeurteilung in Wassergefährdungsklassen eingestuft werden.

Wassergefährdungsklassen
Im Wasserrecht unterscheidet man drei Wassergefährdungsklassen (WGK).
- WGK 1 schwach wassergefährdend,
- WGK 2 wassergefährdend,
- WGK 3 stark wassergefährdend.

Wasserhärte
Wird verursacht durch im Wasser gelöst vorliegende Calcium- und Magnesiumverbindungen. Je höher der Gehalt an diesen Verbindungen ist, desto härter ist das Wasser. Die Wasserhärte wird in Härtegraden angegeben, 1°d entspricht 10 mg Calciumoxid pro Liter Wasser.

Wasserhaushaltsgesetz, WHG
Rahmengesetz des Bundes zur Ordnung des Wasserhaushalts, Hauptteil des Wasserrechts. Regelt Schutz und Nutzung von Oberflächen- und Grundwasser.

9.2 Arbeitssicherheit und Gesundheitsschutz

Alarmplan – Versetzt die Mitarbeiter in die Lage, ohne Zeitverlust die benötigten Rettungskräfte zu alarmieren und die erforderlichen Maßnahmen zu ergreifen.

Anlagensicherheit – Der Anlagenbetreiber ist zur Vermeidung von Gefahren verpflichtet, Maßnahmen zu ergreifen, die die Anlagensicherheit gewährleisten. Dabei müssen Maßnahmen zur Gefahrenabwehr geplant werden.

Anzeigepflicht – Arbeitgeber sind nach dem Strafgesetzbuch verpflichtet, unter Verwendung von Anzeigeformularen, diese durchzuführen. Besteht z. B. bei meldepflichtigen Arbeitsunfällen.

Arbeitserlaubnisschein – Enthält Informationen über die möglichen Gefährdungen, die zu treffenden Schutzmaßnahmen und die korrekte Durchführung der vom Beschäftigten zu erledigenden Arbeiten.

Arbeitsmittel – Nach der Betriebssicherheitsverordnung alle verwendeten Werkzeuge, Geräte, Maschinen oder Produktionsanlagen.

Arbeitsplatz – Bereich innerhalb einer Arbeitsstätte, an dem sich Beschäftigte, die eine Tätigkeit ausüben, regelmäßig aufhalten.

Arbeitsplatzgrenzwert, AGW – Maximal zulässige Konzentration eines Stoffs in der Luft am Arbeitsplatz, bezogen auf eine Arbeitszeit von 8 Stunden pro Arbeitstag bei 5 Arbeitstagen pro Woche, bei der keine Gefährdung der Gesundheit der Beschäftigten zu erwarten ist.

Arbeitsschutz – Dient der Organisation der Arbeitssicherheit im Betrieb, z. B. durch den Aufbau von Sicherheitsabteilungen.

Arbeitsschutzausschuss – Regelt die Sicherheitsarbeit im Betrieb. Er setzt sich aus dem Unternehmer, den Fachkräften für Arbeitssicherheit, dem Betriebsarzt und Vertretern des Betriebsrates zusammen.

Arbeitsschutzgesetz – Regelwerk für den Arbeitsschutz innerhalb Deutschlands.

Arbeitsschutzmaßnahmen	Technische, organisatorische und personelle Maßnahmen des Arbeitsschutzes.
Arbeitssicherheit	Regelt die Bedingungen, die für ein sicheres Arbeiten am Arbeitsplatz notwendig sind und einen Schutz vor Arbeitsunfällen und Berufskrankheiten bieten.
Arbeitssicherheitsgesetz	Regelwerk für Betriebsärzte, Sicherheitsingenieure und Fachkräfte für Arbeitssicherheit innerhalb Deutschlands.
Arbeitsstättenverordnung	Regelt die Beschaffenheit von Arbeitsstätten hinsichtlich des Gesundheitsschutzes und der Sicherheit.
Arbeitsunfall	Unfall im Beruf oder auf dem Weg zur Arbeit oder von der Arbeit zur Wohnstätte.
ATEX	Die Abkürzung leitet sich vom französischen Begriff „**At**mosphère **ex**plosible" ab, es sind Richtlinien und Regeln zum Beschreiben aller Explosionsschutzmaßnahmen.
Augendusche	Notdusche, z. B. nach einem Unfall mit Verätzung eines Auges beim Arbeiten in chemischen Laboratorien.
Beauftragte Person	Durch den Unternehmer benannte Person, die dessen Pflichten nach den Gefahrgutvorschriften eigenverantwortlich zu erfüllen hat.
Beauftragter Beschäftigter	Wird vom Arbeitgeber benannt, bestimmte Tätigkeiten durchzuführen.
Befähigte Person	Person, die im Sinne der Betriebssicherheitsverordnung durch ihre Berufsausbildung, Erfahrung und Tätigkeit über die erforderlichen Fachkenntnisse zur Prüfung der Arbeitsmittel verfügt.
Berufskrankheit	Erkrankung, die durch die berufliche Tätigkeit entstanden ist.
Betriebsanweisung	Schriftliche Information für den Arbeitnehmer zu Schutzmaßnahmen, Gefahren und Verhaltensregeln.
Betriebssicherheitsverordnung	Regelt den Betrieb von überwachungsbedürftigen Anlagen.

BGR, BGV Berufsgenossenschaftliche Regel bzw. Vorschrift. Unfallverhütungsvorschriften oder Regeln, die von der Berufsgenossenschaft erlassen werden.

ChemVerbotsV Chemikalienverbotsverordnung. Diese Verordnung über Verbote und Beschränkungen des Inverkehrbringens gefährlicher Stoffe, Zubereitungen und Erzeugnissen ist im Chemikaliengesetz im § 17 formuliert.

CMRF-Stoff Krebserzeugender, erbgutverändernder und fruchtschädigender Stoff.

Druckbehälter Ein unter innerem Überdruck stehender Behälter.

Elektrostatische Potenziale Elektrostatische Aufladungen, wirken anziehend auf kleine Partikel (Stäube) oder können bei einer Entladung zur Funkenbildung führen.

Elektrotechnische Betriebsmittel Betriebsmittel mit Kennzeichnung und Zulassung nach ATEX.

Erdung Elektrisch leitfähige Verbindungen mit der Erde, die die Ladungen zum Zeitpunkt des Entstehens ableiten.

Ersatzstoffe Stoffe zur Substitution von CMRF-Stoffen.

Ersthelfer Regelmäßig geschulter Mitarbeiter, der im Notfall Erste-Hilfe-Maßnahmen durchführen muss. Die Ausbildung erfolgt bei einer berufsgenossenschaftlich zugelassenen Stelle.

Explosion Chemische und physikalische Vorgänge mit extrem schneller Volumenausdehnung. Die entstehende Druckwelle kann unter lautem Knall schwere Zerstörungen hervorrufen.

Explosionsschutzmaßnahmen Richtlinien und Regeln für die Zulassung von elektrischen Betriebsmitteln im Explosionsbereich.

Explosionsschutzregeln Regeln zur Durchführung des betrieblichen Explosionsschutzes.

Explosionsschutzzonen Zoneneinteilung explosionsgefährlicher Bereiche hinsichtlich der Gefahr durch Gas, Dampf und Nebel.

Explosionsstoffe	Stoffe, die explosionsfähige Bestandteile enthalten, die bei der Reaktion eine große Gasmenge erzeugen.
Fachkraft für Arbeitssicherheit	Unterstützt den Arbeitgeber bei Maßnahmen der Arbeitssicherheit und des Arbeitsschutzes.
Fertilität	Fortpflanzungsfähigkeit.
Feuererlaubnisschein	Wird benötigt, wenn in Abteilungen mit Explosionsgefahr für den Beschäftigten bei der Arbeit eine Feuergefahr besteht.
Flammpunkt	Die tiefste Temperatur, bei der sich Dämpfe über einer Flüssigkeit an einer Flamme kurzzeitig entzünden können.
Fluchtweg, Rettungsweg	Kürzester und sicherster Weg, um bei Gefahr das Gebäude oder den Raum zu verlassen.
Gefährdungsbeurteilung	Ermöglicht eine systematische Ermittlung von Unfall- und Gesundheitsgefahren. Ziel einer solchen Beurteilung ist die Schaffung wirksamer Arbeitsschutzmaßnahmen.
Gefahrenklassen	Die Gefahrgutverordnung Straße und Eisenbahn beinhaltet neun Gefahrenklassen, wobei die Klassen 4, 5 und 6 mehrmals unterteilt sind.
Gefahrensymbole, Gefahrenkennzeichen	Werden zur Kennzeichnung von Gefahrstoffen angebracht. Es gelten weltweit einheitliche Gefahrensymbole.
Gefährlichkeitsmerkmal	Gefahrstoffe verfügen über ein oder mehrere Gefährlichkeitsmerkmale der Kategorien – akute Wirkungen, – toxische Eigenschaften, – physikalisch-chemische Eigenschaften, – ökotoxische Eigenschaften.
Gefahrstoff	Substanz, die dem Menschen schaden kann und die Umwelt gefährdet.
Gefahrstoffbeurteilung	Liefert konkrete Hinweise auf Risiken, Gefahren und Schutzmöglichkeiten der verwendeten Gefahrstoffe.
Gefahrstoffverordnung, GefStoffV	Europaweit gültiges Regelwerk zum Umgang mit Gefahrstoffen.

Geräte- und Produktsicherheitsgesetz	Gesetz über die Betreibung und den Vertrieb von technischen Arbeitsmitteln und Verbraucherprodukten.
Gesetzliche Unfallversicherung	Pflichtversicherung für alle Beschäftigten in Unternehmen. Die Beiträge sind vom Unternehmer zu zahlen. Rechtsgrundlage ist das Sozialgesetzbuch.
GHS	Globally Harmonized System of Classification and Labelling of Chemicals. Weltweit abgestimmtes System für die Klassifizierung und Beschriftung von chemischen Stoffen. Das System dient der weltweiten Vereinheitlichung von Kennzeichnungselementen, Einstufungskriterien und Sicherheitsdatenblättern.
H-Satz	Hazard Statements, Gefahrenhinweis nach dem GHS.
Inertisierung	Primäre Explosionsschutzmaßnahme, wenn die chemische Produktion eine Substitution nicht zulässt. Dabei wird der Luftsauerstoff durch Stickstoff verdrängt, um eine explosionsfähige Atmosphäre zu verhindern.
Jugendarbeitsschutzgesetz	Beinhaltet Schutzvorschriften für Jugendliche unter 18 Jahren, die in einem Arbeits- oder Ausbildungsverhältnis stehen.
Löschmittel	Werden zum Löschen von Bränden eingesetzt. Für die, nach der DIN EN 2 festgelegten Brandklassen müssen verschiedene Löschmittel eingesetzt werden.
Maskentauglichkeit	Notwendiger Gesundheitszustand zum Benutzen einer Atemschutzmaske.
Obere Explosionsgrenze	Höchstkonzentration an Gas oder Dampf, bei der ein Gas-Luft-Gemisch zur Explosion gebracht werden kann. Oberhalb dieser Konzentration verbrennt das Gemisch bei weiterer Luftzufuhr.
Personelle Maßnahmen	Dienen dazu, einen sicheren Betriebsablauf zu gewährleisten. Dazu gehören • ausreichende Anzahl an Beschäftigten • regelmäßige Schulung der Beschäftigten • Einsatz gut ausgebildeter Beschäftigter.

Persönliche Schutzausrüstung Wird zur Minimierung von Gefährdungen bei Arbeiten in Laboratorien verwendet, z. B. Schutzbrille, Schutzhandschuhe, Gesichtsschutz, Atemschutzmaske mit Filter, Chemikalienschutzanzug.

Piktogramm Ein vereinfachtes Bildsymbol, das einen Gegenstand oder Sachverhalt grafisch darstellt.

Prävention Vorbeugende Maßnahmen des Arbeitschutzes. Sie dienen dazu, Vorsorge zu treffen, um Arbeitsunfälle zu vermeiden.

Prüfzeichen Geben dem Verbraucher wichtige Hinweise zum bestimmungsgemäßen Einsatz von Arbeitsmitteln. Prüfzeichen werden nach VDE, CE und GS vergeben.

P-Satz Precautionary Statements, Sicherheitshinweis nach dem GHS.

Rettungsplan Orientierungshilfe für die Beschäftigten im Gefahrfall. Enthält Fluchtwege und Standorte wichtiger Rettungseinrichtungen. Ist gut sichtbar für alle Beschäftigten anzubringen.

Rettungszeichen Kennzeichnung von Rettungswegen und Rettungseinrichtungen durch Schilder mit grüner Fläche mit weißem Zeichen und Rahmen, z. B. Augenduschen, Notruftelefone.

Schutzstufenkonzept Sieht die Gefahrstoffverordnung beim Umgang mit Gefahrstoffen vor. Dabei wird nach Abhängigkeit der Gefährdung bei Tätigkeiten mit dem Gefahrstoff eine von vier Schutzstufen gewählt. Alle Schutzstufen bauen aufeinander auf. Die Schutzmaßnahmen der niedrigeren Stufen sind in den höheren Stufen immer mit enthalten.

Sicherheitsbeauftragter Achtet auf die Einhaltung von Sicherheitsbestimmungen innerhalb eines Betriebes und weist die Mitarbeiter auf Gefahren hin.

Sicherheitsdatenblatt Informationsquelle zur Ermittlung von Gefährdungen und zum Festlegen von Schutzmaßnahmen. Es enthält Hinweise für den Arbeitsmediziner. Es muss in der jeweiligen Landessprache bei Lieferung von Gefahrstoffen vom Hersteller mitgeliefert werden.

Sprengstoff	Stoffe und Mischungen, die in einem bestimmten Mengenverhältnis sehr schnell reagieren und dabei viel Energie freisetzen.
Störfall	Liegt vor, wenn der ordnungsgemäße Betrieb einer Anlage gestört ist. Bei Störfällen kann es zu einer Gefahr für die Allgemeinheit kommen.
Suchtmittel	Bringen den Geschädigten in einen Zustand, in dem man schädliche Gewohnheiten nicht mehr ändern kann. Suchtmittel werden auch als Drogen bezeichnet, z. B. Nikotin, Alkohol, Kokain, Heroin.
TRGS	Technische Regeln für Gefahrstoffe, Empfehlungen und technische Vorschläge auf dem Stand der Technik.
Überwachungsbedürftige Anlagen	Anlagen, die Mensch und Umwelt gefährden können. Deshalb müssen sie einer regelmäßigen Prüfung unterzogen werden und besondere Anforderungen erfüllen.
Unfall	Unvorhersehbares, unvermutetes, plötzlich auf eine Person einwirkendes Ereignis, das zu einer Verletzung, Gesundheitsschädigung oder zum Tod der Person führt.
Untere Explosionsgrenze	Mindestkonzentration an Gas oder Dampf, bei der ein Gas-Luft-Gemisch zur Explosion gebracht werden kann. Unterhalb dieser Konzentration ist das Gemisch nicht zündfähig.
VDE-Kennzeichen	Prüfzeichen, das ein Produkt hinsichtlich seiner elektrischen und thermischen Gefährdung kennzeichnet.
Zündenergie	Benötigte Energiemenge, um eine Verbrennung oder Explosion zu starten.
Zündpunkt, Zündtemperatur	Gibt die tiefste Temperatur an, bei der sich ein Stoff an einer heißen Oberfläche selbst entzündet.
Zündquelle	Energiequelle, die brennbaren Stoffen oder Stoffgemischen Energie zuführen und dadurch eine Verbrennung auslösen kann, z. B. heiße Dampfleitungen oder Funkenbildung beim Gebrauch von Werkzeugen.

Zündschutzmaßnahme

Schützen durch unterschiedliche Wirkungsweisen vor Zündquellen in elektrischen Betriebsmitteln. Sie sind einzeln oder als Kombination mehrerer Maßnahmen anwendbar.

Zutrittsbeschränkung

Merkmal beim Umgang mit Gefahrstoffen, die in die Schutzstufe drei eingeordnet sind. Dazu zählen alle Gefahrstoffe mit der Einstufung giftig. Für unbefugte Personen besteht eine Zutrittsbeschränkung für Räume, in denen mit diesen Gefahrstoffen gearbeitet wird.

10 Organisationsstrukturen

10.1 Berufsbildung

Ausbildungsberufsbild
Wird durch das Berufsbildungsgesetz (BBiG) definiert. Berufliche Fertigkeiten, Kenntnisse und Fähigkeiten, die mindestens Gegenstand der Berufsausbildung sind.

Ausbildungsbetrieb
Übernimmt die praktisch orientierte Ausbildung im dualen System in Deutschland, schließt mit dem Auszubildenden einen Ausbildungsvertrag ab.

Ausbildungsordnung
Legt bundeseinheitliche Standards für die betriebliche Ausbildung fest. Darin sind mindestens Vorgaben für die Ausbildungsdauer, die Berufsbezeichnung, das Berufsbild, den Ausbildungsrahmenplan und Prüfungsanforderungen, wie zum Beispiel Inhalte der Zwischen- und Abschlussprüfung, enthalten.

Ausbildungsplan
Plan, der für jeden Auszubildenden individuell auf Basis des Ausbildungsrahmenplans zu Beginn der betrieblichen Ausbildung vom ausbildenden Betrieb erstellt werden muss. Darin sind die Lernziele der Ausbildungsordnung auf die betrieblichen Gegebenheiten angepasst.

Ausbildungsrahmenplan
Bestandteil der Ausbildungsordnung. Er stellt eine Anleitung zur sachlichen und zeitlichen Gliederung der betrieblichen Ausbildung (Fertigkeiten und Kenntnisse) dar und legt zeitgleich das Ziel der Ausbildung fest.

Ausbildungsvertrag
Voraussetzung für eine Berufsausbildung in Deutschland. Wird zwischen dem Arbeitgeber und dem Arbeitnehmer abgeschlossen. Ist der Arbeitnehmer noch nicht volljährig, ist der Vertrag von einem Erziehungsberechtigten zu unterschreiben.

Berufsausbildung
Vermittlung von Kenntnissen, Fertigkeiten und Fähigkeiten, die ein Auszubildender zur Ausübung des Berufs nach Bestehen der Abschlussprüfung benötigt. In Deutschland wird sie im dualen System durchgeführt.

Berufsbezeichnung
Bundesweit anerkannter Name einer abgeschlossenen Ausbildung oder einer durchführenden Tätigkeit, der keine Ausbildung zugrunde liegt.

Duales System
Duales Berufsausbildungssystem in Deutschland, bei dem parallel in Betrieb und Schule ausgebildet wird. Der praktische Teil der Ausbildung wird im Betrieb, der theoretische Teil in der Berufsschule vermittelt.

Gestreckte Abschlussprüfung
Prüfungsform, in der die klassische Zwischenprüfung durch die „Abschlussprüfung Teil 1" ersetzt wurde, die zu einem in der Ausbildungsordnung festgelegten Prozentsatz in das Ergebnis der Abschlussprüfung einfließt. Die traditionelle Abschlussprüfung am Ende der Ausbildung ist demzufolge die „Abschlussprüfung Teil 2". Teil 1 und Teil 2 werden aber nach wie vor zeitlich getrennt voneinander geprüft.

Lernfeld
Teil der Untergliederung des Berufsschulunterrichts. Ersetzt die traditionelle Fächerstruktur. Lernfelder orientieren sich an realen betrieblichen Handlungsabläufen, mehrere Lernfelder können in einem Handlungsbereich zusammengefasst werden. Ziel ist es, die Handlungsfähigkeit der Auszubildenden früher und stärker zu fördern.

Pflichtqualifikation
Ausbildungsinhalte, die die Grundlagen des Ausbildungsberufs abdecken und jedem Auszubildenden vermittelt werden müssen.

Rahmenlehrplan
Plan für die Berufsausbildung, der die Lernziele und -inhalte für den berufsbegleitenden schulischen Unterricht beschreibt. Er ist nach Lernfeldern strukturiert und lässt Freiräume für die individuelle Umsetzung in den Bundesländern. Der Rahmenlehrplan wird von der KMK beschlossen, die darauf basierenden Lehrpläne werden von den Bundesländern umgesetzt.

Überbetriebliche Ausbildungsstätte
Einrichtung, in der Auszubildende unterschiedlicher Betriebe praktisch ausgebildet werden, wenn durch die Spezialisierung oder die Größe der Ausbildungsbetriebe Ausbildungsdefizite entstehen könnten.

Wahlqualifikation Ausbildungsinhalte, die keine übergreifenden Qualifikationen darstellen, sondern individuell auf Fachrichtung und Ausbildungsbetrieb bezogen werden können. Die jeweilige Ausbildungsordnung gibt jedoch den thematischen Rahmen für die Auswahl vor.

10.2 Berufsständische öffentlich-rechtliche und staatliche Einrichtungen

BAM Bundesanstalt für Materialforschung und -prüfung. Die BAM betreibt Materialforschung und Materialprüfung mit dem Ziel, die Sicherheit und Technik im Bereich der Chemie weiterzuentwickeln.

BAVC Bundesarbeitgeberverband Chemie e.V. mit Sitz in Wiesbaden, Dachorganisation von derzeit elf Chemie-Arbeitgeberverbänden. Oberste Aufgabe ist es, die Unternehmen der Chemieindustrie wettbewerbsfähig zu halten.

Berufsgenossenschaft Träger der gesetzlichen Unfallversicherung für die Unternehmen der deutschen Wirtschaft und deren Mitarbeiter.

Betriebsrat Mitbestimmende Arbeitnehmervertretung in einem Unternehmen.

Betriebsverfassungsgesetz Grundlegende gesetzliche Verordnung der Arbeitgeber und der von den Arbeitnehmern gewählten Vertretungen, die die Richtlinien der gemeinsamen Zusammenarbeit regelt.

BGIA Berufsgenossenschaftliches Institut für Arbeitsschutz. Das BGIA ist ein Forschungs- und Prüfinstitut der deutschen gesetzlichen Unfallversicherung.

BIBB Bundesinstitut für Berufsbildung mit Sitz in Bonn, international anerkannte Einrichtung zur Erforschung und Weiterentwicklung der beruflichen Aus- und Weiterbildung. Rechtsgrundlage für die Einrichtung ist das Berufsbildungsgesetz. Das BIBB unterliegt der ▷

Rechtsaufsicht des Bundesministeriums für Bildung und Forschung und wird als Einrichtung des öffentlichen Rechts mit Bundesgeldern finanziert.

BMBF
Bundesministerium für Bildung und Forschung mit Hauptsitz in Bonn. Das Ministerium wird vom Minister für Bildung und Forschung geleitet. Das BMBF ist u. a. für die Gesetzgebung im Bereich der außerschulischen beruflichen Bildung und Weiterbildung sowie der Ausbildungsförderung verantwortlich.

BMU
Bundesministerium für Umwelt, Naturschutz und Reaktorsicherheit, mit Sitz in Bonn und Berlin. Das Ministerium wird vom Bundesumweltminister geleitet. Das BMU ist innerhalb der Bundesregierung verantwortlich für die Umweltpolitik des Bundes und unterstützt das übergreifende Ziel einer jeden Umweltpolitik, die Nachhaltigkeit.

BMWi
Bundesministerium für Wirtschaft und Technologie mit Sitz in Berlin. Das Ministerium wird vom Minister für Wirtschaft und Technologie geleitet. Das Ministerium wirkt u. a. an der Verabschiedung von Ausbildungsordnungen aktiv mit.

DIHK
Deutscher Industrie- und Handelskammertag, mit Sitz in Berlin, Dachorganisation der IHKs. Er übernimmt die Interessensvertretung aller Mitgliedsunternehmen gegenüber Entscheidern der Bundes- und Europapolitik.

Gewerbeaufsicht
Teil der staatlichen Arbeitsschutzüberwachung. Überwacht den Arbeitsschutz und die Arbeitssicherheit in Unternehmen in Zusammenarbeit mit den Berufsgenossenschaften.

IG BCE
Industriegewerkschaft Bergbau, Chemie, Energie mit Sitz in Hannover. Drittgrößte Einzelgewerkschaft im Deutschen Gewerkschaftsbund (DGB). Sie vertritt die Interessen der Arbeitnehmer in Berufen der entsprechenden Branchen.

IHK

Ca. 80 regional organisierte „Körperschaften öffentlichen Rechts", in denen alle Unternehmen, mit Ausnahme von Handwerks-, Landwirtschaftsbetrieben und Freiberuflern, Mitglieder mit Beitragspflicht sind. Die regionalen IHKs vertreten die Interessen der zugehörigen Unternehmen gegenüber Kommunen, Landesregierungen und regionalen staatlichen Stellen. Durch die Pflichtmitgliedschaft sind die IHKs unabhängig von Einzelinteressen und können stark gegen politische Einrichtungen auftreten.

KMK

Ständige Konferenz der Kultusminister der Länder in der Bundesrepublik Deutschland (kurz: Kultusministerkonferenz). Sie ist ein freiwilliger Zusammenschluss der für Bildung, Erziehung und Forschung sowie kulturelle Angelegenheiten zuständigen Minister bzw. Senatoren der Länder. Sie besitzt Dienststellen in Bonn und Berlin. Die KMK erarbeitet in Neuordnungsverfahren von Ausbildungsordnungen die Vorlage der Rahmenlehrpläne, die auf Länderebene für den beruflichen Unterricht umgesetzt werden müssen.

PAL

Prüfungsaufgaben- und Lehrmittelentwicklungsstelle der IHK Region Stuttgart. In Zusammenarbeit mit ehrenamtlich tätigen Fachleuten erstellt die PAL im Auftrag aller IHKs in Deutschland bundeseinheitliche Prüfungsaufgabensätze für industriell-gewerbliche Ausbildungsberufe vor allem aus den Bereichen Elektrotechnik, Metalltechnik, Naturwissenschaften, Holz, Bau, Leder/Textil/Bekleidung, Verkehrs- und Transportgewerbe.

REACH

„Registration, Evaluation, Authorisation and Restriction of Chemicals". REACH regelt als Chemikalienverordnung der EU die Registrierung, Zulassung, Bewertung und Beschränkung von Chemikalien.

VCI

Verband der Chemischen Industrie, die wirtschaftspolitische Interessenvertretung.

11 Sachwortverzeichnis

T